"十二五"江苏省高等学校重点教材(编号：2015-2-011)
普通高等教育"十二五"规划教材
微电子与集成电路设计系列规划教材

专用集成电路设计

朱　恩　胡庆生　编著

电子工业出版社
Publishing House of Electronics Industry
北京·BEIJING

内 容 简 介

本书涵盖数字集成电路和专用集成电路设计的基本流程和主要设计方法，共8章，主要内容包括：集成电路发展趋势及专用集成电路基本设计方法介绍、集成电路工艺基础及版图设计基本知识、MOS晶体管基本原理与电路设计基础、CMOS数字集成电路常用基本电路、半定制电路设计、全定制电路设计、集成电路的测试技术与可测性设计、集成电路的模拟与验证技术等，每章后附有习题与思考题，并提供电子课件和习题参考答案。

本书可作为高等学校集成电路设计与微电子专业方向本科和研究生专用集成电路或数字集成电路等相关课程的教材，也可供集成电路设计领域的科技人员参考。

图书在版编目（CIP）数据

专用集成电路设计 / 朱恩，胡庆生编著. —北京：电子工业出版社，2015.9

微电子与集成电路设计系列规划教材

ISBN 978-7-121-26192-3

Ⅰ. ①专⋯ Ⅱ. ①朱⋯ ②胡⋯ Ⅲ. ①集成电路—电路设计—高等学校—教材 Ⅳ. ①TN402

中国版本图书馆 CIP 数据核字（2015）第 117535 号

策划编辑：王羽佳
责任编辑：周宏敏
印　　刷：北京盛通数码印刷有限公司
装　　订：北京盛通数码印刷有限公司
出版发行：电子工业出版社
　　　　　北京市海淀区万寿路 173 信箱　　邮编：100036
开　　本：787×1092　1/16　　印张：12　　字数：308 千字
版　　次：2015 年 9 月第 1 版
印　　次：2025 年 1 月第 11 次印刷
定　　价：35.00 元

凡所购买电子工业出版社图书有缺损问题，请向购买书店调换。若书店售缺，请与本社发行部联系，联系及邮购电话：(010) 88254888。

质量投诉请发邮件至 zlts@phei.com.cn，盗版侵权举报请发邮件至 dbqq@phei.com.cn。

服务热线：(010) 88258888。

前　言

本书内容源自作者为东南大学信息学院本科生开设的"专用集成电路设计"课程，同时参考了近年来国内外发表的一些教材和论文、半导体公司的工艺文件、国外 EDA 厂商的设计软件文档等内容，并结合了作者的科研实践经验编写而成。

本书内容分为两大部分。第一部分为基础部分，包含第 1~4 章，面向专用集成电路的底层设计，主要内容包括：概论、集成电路工艺基础及版图、MOS 晶体管与电路设计基础、CMOS 数字集成电路常用基本电路。第二部分为提高部分，包含第 5~8 章，面向专用集成电路的顶层设计，主要内容包括：半定制电路设计、全定制电路设计、集成电路的测试技术、集成电路的模拟与验证技术等。

本书针对专用集成电路设计的需要，对内容进行了取舍，力图做到简明扼要、内容先进、通俗易懂和体系完整，以满足本科高年级教学的需要。

本书的第一部分针对数字集成电路设计的需要，介绍了其基本发展趋势和一般性设计和制造方法，将 MOS 管的模型做了精简，给出了一般的电路分析和设计方法，引导读者掌握核心的方法，避免陷入复杂烦琐的模拟电路设计的范畴，在基本概念和方法的基础上，给出了常用的数字集成电路模块的设计方法。本书的第二部分着重介绍系统级、顶层的设计方法和测试验证方法。这部分涉及的领域众多，难以全面展开，书中提纲挈领式地给出了最核心的框架式内容，引导学生掌握入门知识，便于进一步深入学习。

本书建议学时为 48~54 学时。本书提供配套电子课件和习题参考答案，请登录华信教育资源网（http://www.hxedu.com.cn）注册下载。

本书第 1~4 章由朱恩编写，第 5~8 章由胡庆生编写。

本书承蒙清华大学朱纪洪教授和中国科技大学王永教授初审，王永教授提出了宝贵的修改意见，谨致以衷心的谢意。特别要感谢电子工业出版社的王羽佳编辑的热情鼓励和长期以来的大力支持，使本书得以顺利出版。

限于编著者水平的限制，书中不妥和错误之处恐不在少数，恳请读者提出批评指正。

编　者

2015 年 8 月

目　　录

第1章 概 论

1.1 集成电路工艺发展趋势

　　自集成电路发明以来，半导体工艺和集成电路设计技术得到了飞速的发展，集成电路技术对人类生活及科学进步的影响是巨大的。集成电路技术渗透到计算机、通信、航空航天、国防、交通、制造业、消费电子等众多领域。在过去的 40 年中，集成电路的功能与复杂性几乎成指数规律上升。1960 年，Intel 公司的创始人之一摩尔先生提出了集成电路功能随时间呈指数增长的统计规律，即摩尔定律。摩尔的预言在其后几十年中表现出惊人的准确，如图 1.1 所示。集成电路工艺制作能力的迅速提高很大程度上取决于人们对材料的物理、电学、化学性质的深入了解，同时，工艺制造设备的进步和工艺技术的革新也是重要因素。

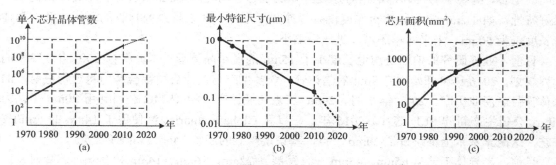

图 1.1　摩尔定律——芯片主要特征指标随时间的变化关系

　　描述工艺水平的标志是最小线宽和芯片面积，线宽越细，芯片器件尺寸就越小，集成度就越高；芯片面积越大，则每个芯片的电路规模和复杂性就越大。图 1.1(b)给出了主流制造商最小线宽随时间变化的趋势，图 1.1(c)给出了芯片面积随时间的增长关系。

　　集成电路技术的发展依靠的是工艺技术的不断改进，自 2010 年以来，工艺的发展呈现以下几个特点：

　　（1）特征尺寸接近 10nm 左右；

　　（2）晶圆尺寸向 450mm 以上大小发展；

　　（3）铜导线技术的广泛应用；

　　（4）新型器件不断涌现，纳米器件开始展露锋芒；

　　（5）新材料新工艺的不断应用。

1.1.1 特征尺寸的发展

　　微电子技术仍将以硅基 CMOS 工艺技术为主流，尽管微电子学在化合物半导体和其他新材料方面的研究已经取得了很大进展，但还远不具备替代硅基工艺的条件，硅集成电路技术发展至今，全世界数以万亿美元计的设备和科技投入，已使硅基工艺形成非常强大的产业能力。

缩小特征尺寸以提高集成度是提高产品性价比最有效的手段之一。2004 年，国际上集成电路技术已经顺利达到了 90nm，2004 年 ITRS（International Technology Roadmap for Semiconductors）曾预测，2007 年将实现 65nm 量产，2010 年达到 45nm，2013 年进入 32nm，2016 年实现 22nm 的量产。但是从目前技术研发形势看，许多预测都提前实现了，如 2014 年，华为推出的麒麟系列手机芯片全面采用了领先的 SoC 架构及 28 纳米的 HPM 工艺，在约 1 平方厘米的面积上集成了近 10 亿个晶体管，即在单个芯片上集成了中央处理器、图像处理器、通信模块、音视频解码以及外围电路等。

90nm 制造工艺和 130nm 制造工艺相比，有着一个质的飞跃。在 90nm 制造工艺中，采用多项新技术和新工艺，其中应变硅、绝缘硅、铜互连技术、低 K 介电材料的引入等是主要特点。应变硅技术提升了电子的迁移率，使 NMOS 在保持器件尺寸不变的情况下饱和电流得到增大，器件响应速度得到提高；绝缘硅 SOI 的采用则是为防止泄漏电流、减小结电容和抗辐射而设计的，同普通的 CMOS 管相比，全耗尽 SOI 可提供相同的开关速度，而能耗可降低 30%；在 90nm 制造工艺中采用了七层或八层铜互连技术，使硅晶圆上的晶体管数达到 100 兆，从而提高了芯片性能；双层堆叠设计的掺碳氧化物（CDO）低 K 介电材料的采用，减少了互连层之间的电容，提高了芯片内部的信号速度并降低了芯片功耗。90nm 制造工艺还具有其他一些良好特性，如 1.2nm 氧化物栅极厚度仅有 5 个原子层厚，可以提高晶体管的运行速度；晶体管长度仅为 50nm，未来两年还可以进一步缩小。

目前，业界研究的前沿是沟道长度小于 15nm 的最小晶体管技术。根据 2001 年 ITRS 的远程规划，2016 年将开始生产 9nm 的晶体管。众多生产与设计公司都会努力将这种最前沿的晶体管付诸商业生产。2013 年 7 月，20nm 工艺已经量产，如 TSMC 公司利用 20nm 工艺为 Xilinx 公司生产新的 PLD 芯片。2015 年，三星和 GlobalFoundries 都使用了 14nm 的 FinFET 工艺，这两家基本上都跳过了 20nm 节点，真正量产靠的还是 14nm FinFET 工艺。

目前，半导体工艺从 65nm、45nm 一直发展到 22nm、16nm、14nm 和 9nm，芯片研发成本越来越高，一条 22nm 的工艺线需要高达 80～100 亿美元的投资，16nm 工艺线需要 120～150 亿美元，未来只有少数高端芯片设计公司可以负担昂贵的研发费用，而更少的代工厂具备制造新一代产品的能力，目前只有 Intel、TSMC、三星、IBM 等少数厂上马新的工艺线，高额投资将导致只有少数高端芯片设计公司可以负担昂贵的研发费用，只有很少的公司才能拥有最先进的工艺。

1.1.2　晶圆尺寸

目前，半导体工业主流的晶圆尺寸已由 200mm 直径向 300mm 直径过渡，ITRS 在 2010 年曾预测，2013 年左右有可能出现 450mm 直径的晶圆，2018 年实现 450mm 直径晶圆的大规模生产。

从 1998 年全球第一座 300mm 直径晶圆尺寸的集成电路工厂投产开始到现在，已有约 50 家工厂投产。目前 300mm 直径硅片工厂成为了运用最先进工艺的首选，诸如更小的栅极长度（90nm）、双嵌入式铜互连工艺、低 K 介电材料和高 K 介电材料、硅片长凸技术，以及背面研磨技术等等。另外，300mm 工厂也采用了更高的自动化程度以提高生产效率。目前，集成电路产业正在加速进入 300mm 硅片时代，由于 300mm 硅片比 200mm 硅片的面积大 2.25 倍，可大大降低集成电路的成本。实际上，从 2012 年开始，Intel、三星、台积电等厂就已投产 450mm 的晶圆，450mm 晶圆无论是硅片面积还是切割芯片数都是 300mm 晶圆的两倍多。

1.1.3　铜导线

随着晶体管尺寸越来越小，信号的高速传输已受到很大的限制。选用较小电阻率金属作为互连材料，并选用较小介电常数的介电材料是降低信号延时、提高时钟频率的主要办法。铜的电阻率较铝小，铜能减少互连层厚度，通过降低电容实现信号延时的减少，配合采用低 K 介电材料，可以降低互连层间的电容，从而降低信号延时。另外，铜的熔点较高，与铝相比，同样厚度的铜互连层通过的电流密度更高，从而降低能量消耗。推动铜工艺走向产业化的另一个重要原因就是铜工艺采用了大马士革工艺，减少了金属互连层数，降低了成本。

1998 年，IBM 首先应用铜互连技术，2000 年 Intel 推出了采用 130nm 铜互连技术的处理器。TI、Xilinx、三星、台积电和联电等公司也开始纷纷采用铜互连工艺。目前在 130nm、110nm 的制造工艺中已广泛应用了铜互连技术，铜互连材料已成为 110nm 以下制造工艺的唯一选择。在 90nm 制造工艺中，各厂商广泛采用了七层或八层铜互连技术。2006 年，65nm 制造工艺中的铜互连工艺和低 K 介电材料被攻克，2009 年，IBM 公司开发的 28nm 工艺已经使用了 10 层铜导线互连技术。有专家认为，铜互连工艺的潜力还很大，至少在采用 15nm 技术之前，采用铜互连工艺都能满足需要。

1.1.4　新型器件不断涌现

传统 CMOS 晶体管的尺寸缩小是有极限的，当尺寸缩小到原子大小量级时，将走到物理的极限，当栅极与沟道间的厚度小于 5nm 时，就会产生隧道效应，电子将会自行穿越通道由源极流向栅极产生漏电流，通过栅极控制电流通断的作用将失效，必须采用新的方法。为此，人们开始寻找新的替代器件，以便在更小的特征尺寸上取代体硅 CMOS 技术。

ITRS 中提出的非传统 CMOS 器件，有超薄体 SOI、能带工程晶体管、垂直晶体管、双栅晶体管、FinFET 等。其中，超薄体 SOI 是一种全耗尽 SOI，可以提供 CMOS 22nm 技术节点所需的极薄沟道尺寸（小于 5nm），可以具有较高的亚阈电压斜率和保持 V_t 的可控性；能带工程晶体管是将锗硅层上的应变硅用作沟道迁移率提高层，以获得更高的驱动电流；垂直晶体管、FinFET 和平面双栅晶体管都是双栅或围栅晶体管结构，这三种器件都能提供更高的驱动电流，后两者还具有较高的亚阈电压斜率和改进的短沟道效应。

未来有望被广泛采用的新兴存储器器件主要有磁性存储器、相变存储器、纳米存储器、分子存储器等。磁性存储器的原理通过磁性材料在两种磁性状态之间的变化来保存数据，它结合了非挥发性闪存与 SRAM 内存的功能，具有在关闭系统电源后仍然能保存数据的功能。NanoMarkets 曾预计，到 2008 年磁性存储器市场销售值将可达 21 亿美元，而 2012 年将成长至 161 亿美元，平均年复合成长率高达 66.4%。现在全球主要存储器生产厂商如英飞凌、Freescale、IBM、NEC、瑞萨、三星与索尼都在积极研究磁性存储器。相变存储器则基于默写材料在电流脉冲影响下发生快速可逆相变效应，具有非挥发性、低功耗、抗辐照等优点。纳米存储器主要是通过钠米技术制造的浮栅存储器，具有快速读写和非挥发的特点。分子存储器是采用单分子作为存储器单元基本模块的存储器。

新兴的逻辑器件主要包括谐振隧道二极管、单电子晶体管器件、快速单通量量子逻辑器件、量子单元自动控制器件、纳米管器件、分子器件等。

未来的各种新兴的集成电路器件中，大量运用了钠米技术，除了在存储器和逻辑器件中作为晶体管的主要材料，某些形态的碳钠米管可在晶体管中取代硅来控制电流，碳钠米管也可取代铜作为互连材料。Intel 曾预测，到 2014 年芯片晶体管将由碳钠米管或硅钠米导线构成。据一份研究报告称，到 2014 年全球采用钠米技术的集成电路销售额将达到 1720 亿美元。

1.1.5　新材料新工艺的不断应用

随着特征尺寸的不断减小，低介电常数材料的研究和应用越来越深入和广泛。Intel、IBM、TSMC 等公司相继宣布将在 0.13μm 及其以下的工艺技术中使用低介电常数材料，传统的按比例缩小方法已经无法继续使用，如漏电现象和热功耗问题无法通过传统方法解决，除非采用新的材料。新材料和新工艺不断地引入到生产工艺中，带来了集成电路电气性能的改善，并产生和过去相似的等效按比例缩小，如高介电率材料、金属栅极、应变硅等成为各厂商解决半导体漏电率上升的关键。到 2015 年为止，许多半导体厂商已在 45～20nm 制造工艺量产芯片中采用高介电率材料和金属栅极，分别替代二氧化硅和多晶硅。

在集成电路制造工艺的诸多工序中，以光刻工艺最为关键，它决定着制造工艺的先进程度。随着集成电路向钠米级发展，光刻采用的光波波长也从近紫外区间的 436nm、365nm 波长进入到深紫外区间的 248nm、193nm 波长。目前，大部分芯片制造工艺采用了 248nm 和 193nm 光刻技术。其中，248nm 光刻采用的是 KrF 准分子激光，首先用于 0.25μm 制造工艺，后来 Nikon 公司推出 NSR-S204B 又将其扩展到了 0.15μm 制造工艺，ASML 公司也推出了 PAS.5500/750E，它提高到可以解决 0.13μm 制造工艺。193nm 光可采用的是 ArF 激光，目前主要用于 0.11μm、0.10μm 以及 90nm 的制造工艺上。

1999 年 ITRS 曾预计在 0.10μm 制造工艺中将采用 157nm 的光刻技术，但是目前已经被大大延后了。这主要归功于分辨率提高技术的广泛使用，其中尤以湿浸式光刻技术最受关注。湿浸式光刻是指在投影镜头与硅片之间用液体充满，以提高光刻工具的折射率，获得更好的分辨率及增大镜头的数值孔径。如 193nm 光刻机的数值孔径为 0.85 左右，而采用湿浸式技术后，可提高至 1.0 及以上。基于 193nm 湿浸式光刻技术在 2004 年取得了长足进展，2006 年，TI 率先采用 193nm 湿浸式光刻技术，193nm 湿浸式设备能够实现更高的解析度与更小的器件体积。目前一些主要的集成电路制造商都已经将湿浸式光刻技术作为首选。原先预计将在 0.10μm 和 90nm 制造工艺中采用的 157nm 光刻技术，已经被 193nm 湿浸式光刻技术所替代。

2003 年 Intel 就宣布放弃 157nm 光刻技术，取而代之的是努力延伸和拓展 193nm 光刻功能。IBM 也在 2003 年宣布其 193nm 光刻技术扩展到 65nm，而 157nm 光刻技术被挤到了 45nm。2004 年 ITRS 扩充了 193nm 湿浸式光刻技术的使用范围，并将 ArF 湿浸式光刻技术作为 65nm 和 45nm 技术节点的首选，同时还认为湿浸式光刻可能成为用于 32nm 和 22nm 节点的解决方案。全球主要的光刻设备供应商 ASML、佳能和尼康均已推出了 193nm 湿浸式光刻设备，而且有计划将湿浸式技术应用到 248nm 光刻中。

目前，一些企业已开始研制下一代光刻技术，如远紫外光光刻（EUV）、电子束投影光刻、离子束投影光刻及 X 射线光刻等。其中，EUV 光刻技术已进入试用阶段，Global Foundries 已经宣布，2015 年将在 15nm 工艺上正式启用 EUV 光刻技术，而在 2014 年，ASML 公司的 EUV 设备已出货 6 台，用于 10nm 工艺的量产，Intel 公司和 TSMC 公司均已装备这样的设备。

1.2 专用集成电路基本设计方法

从市场角度来看，集成电路一般分两类：一类是通用集成电路，如存储器 RAM 和 ROM、微处理器 CPU 以及数字信号处理器 DSP 等；另一类是专用集成电路，主要用于特定用途、特定设备和实现特定算法等目的，是目前广泛使用的一类集成电路，它的最新发展阶段是片上系统（SoC）技术。

从设计角度看，通用和专用这两类集成电路的设计过程大同小异，本书从专用角度讨论集成电路设计的相关问题，不失一般性。

集成电路技术到了 20 世纪 80 年代，出现了超大规模集成电路（VLSI）概念，人们采用计算机辅助设计（CAD）技术和辅助工程（CAE）技术进行芯片的设计和生产。从 20 世纪 90 年代开始，人们开始采用电子设计自动化（EDA）技术进行芯片的设计，现代集成电路的功能复杂程度和集成规模都是空前的，必须借助 EDA 工具才能完成设计工作，专用集成电路（ASIC）设计涵盖了电路与系统、微电子技术、半导体工艺、计算机软件、计算数学、应用科学等多方面知识领域，设计过程异常复杂。

ASIC 设计属于复杂系统设计，需要按照系统科学方法，采用分层的、自顶向下设计方法，有时也需结合自底向上的方法。一般而言，ASIC 设计采用自顶向下的设计流程，从一个概念开始，逐级展开越来越详细的设计，直至得到一个电路版图。大致的设计次序是：行为设计、结构设计、逻辑设计、电路设计和版图设计，见图 1.2。

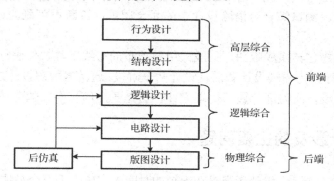

图 1.2 ASIC 设计的层次划分和自顶向下方法

在行为设计阶段，主要考虑系统的外部特性，并定义芯片系统要完成的功能及限制条件，如速度、功耗、面积、价格、驱动能力等，并针对目标工艺研究设计的可行性。行为设计阶段暂不考虑芯片的具体实施方案，可以使行为设计具有很高的灵活性和方便性。

在结构设计阶段，根据芯片的特点，将其分解为接口清晰、关系明确、结构简洁的子系统。子系统可能包括如算术运算单元、控制单元、数据通道、算法状态机等具体单元，在子系统的基础上再设计出一个较优的总体结构。结构设计方法有多种，可以按部件的功能来划分，也可以按通信总线来划分，还可以按并行或串行部件来划分，等等。

在逻辑设计阶段，要考虑各种功能模块的具体实现问题。由于同一功能块可能有多种实现方法，要尽可能采用规则结构来实现功能块，尽量采用成熟的逻辑单元或模块。这一阶段要进行逻辑仿真，以验证逻辑设计的正确性。

在电路设计阶段，逻辑图将进一步转换成电路图，需要进行电路仿真，以确定电路特性、功耗和时延等。

在版图设计阶段，要根据电路设计用于工艺制造的电路版图，其中又可分为布图规划、布局和布线等几个阶段。完成版图设计后，在版图寄生参数提取的基础上，还要进行电路的后仿真。如果后仿真性能达不到要求，需要返回到电路设计或进一步返回到逻辑设计阶段，进行适当修改，以最终达到设计目标。在完成布局布线后，还要对版图进行设计规则检查、电学规则检查以及版图与电路图的一致性检查等。只有在所有的检查都通过并证明无误后，才可将布图结果转换为掩膜文件，掩膜文件是设计的最终结果。

在图 1.2 中，典型的设计流程又可被划分成 3 个综合阶段：高层综合、逻辑综合和物理综合。

高层综合也称行为级综合，将系统的行为、各组成部分的功能及其输入和输出，用硬件描述语言 HDL 加以描述，然后进行行为级综合，同时通过高层次硬件仿真进行验证。高层综合的目的就是要在满足目标和约束的条件下，找到一个代价最小的硬件结构，并使设计的功能最佳化。

逻辑综合将逻辑级行为描述转换成使用门级单元的结构描述，同时还要进行门级逻辑仿真和测试综合。逻辑综合一般分两个阶段：（1）与工艺无关的阶段，这个阶段产生抽象的、优化的逻辑电路结构；（2）工艺映射阶段，将逻辑电路结构映射成用某种具体工艺的数字单元实现的物理电路，或用 PLD 内部资源实现的物理电路。在逻辑综合过程中，需要进行逻辑仿真、时序分析和时延分析。逻辑仿真是保证设计正确的关键步骤，可采用软件模拟方法，也可采用硬件模拟方法手段。测试综合提供测试向量的自动生成，为可测性设计提供高故障覆盖率的测试向量集。测试综合可消除设计中的冗余逻辑，诊断不可测的逻辑结构，还能自动插入可测性结构。

物理综合将网表描述转换成版图，一般采用自动布局布线工具软件进行这项工作。

图 1.2 中又将设计分为前端设计和后端设计两个阶段，通常将版图设计之前的各设计阶段归为前端设计，版图设计及验证等属于后端设计，这是一个约定俗成的分法。

1.3 ASIC 设计涉及的主要问题

ASIC 设计过程非常复杂，设计者很难在很短的时间内完成上千万个晶体管的电路设计，即使工艺上允许，也可能由于复杂性而导致设计周期过长、设计费用过高而丧失市场竞争能力。

1.3.1 设计过程集成化和自动化

ASIC 所有的设计步骤都需要借助功能强大、性能完善的 EDA 设计工具来完成，集成电路最核心的两大技术，一个是工艺制造技术，另一个就是 EDA 软件技术，目前，EDA 软件已形成一个技术含量和垄断程度很高的产业，形成了一些大的专业软件公司，如 Synopsys、Cadance、Mentor 等，这些公司控制着从设计到制造所有的相关软件和标准，例如 Synopsys 和 Cadance 两大公司就控制着从高层综合、逻辑综合和物理综合整个设计流程软件，而 Mentor 公司主要在芯片测试软件方面占主导地位。目前，EDA 软件已进入大规模功能集成阶段，软件功能涉及行为综合和几何综合两方面的技术。其中，行为综合技术是从功能或行为级的描述自动生成正确的高性能指标的逻辑结构描述，更高级的自动化软件可以由行为级描述直接生成 IC 制造掩膜版；几何设计综合技术从电路的结构描述自动生成 IC 制造对应的掩膜版电路单元微结构。

目前，新的纳米工艺将导致芯片流片或制造成本越来越高昂，对于复杂的 ASIC 芯片而言，几百万人民币一次的流片费用司空见惯，芯片设计错误造成的人力、财力、时间和市场的损失代价太大，而流片本身的周期很长，一般在 2～3 个月左右。复杂的 ASIC 芯片导致设计难度增大，在设计中发现和修改错误已变得相当困难，而完善的 EDA 工具有助于消除错误。

1.3.2　可测试性设计问题

对于 ASIC 设计来说，测试是一个十分重要的阶段。测试的意义在于检查电路是否满足设计要求。ASIC 芯片的功能日趋复杂，在 ASIC 芯片的研发费用中，测试费用所占比例越来越高，据业界一般的估计，测试费用所占比例在 70%以上。为了减小测试代价，在芯片设计的初期阶段就应考虑可测试性设计问题。其主要目的是提高整个测试的效率并降低成本，可以在已有设计的基础上添加一定的测试辅助电路。事实上，可测试性结构设计已成为 ASIC 设计的一个重要组成部分。

在 ASIC 芯片的设计阶段，对电路的测试分软件方法和硬件方法两种。软件方法就是利用 EDA 软件对设计的电路进行功能测试，主要针对功能模块一级；硬件方法就是利用专用电路开发板对设计的电路 HDL 代码进行功能测试，主要针对系统测试这一级。一般而言，硬件方法要快于软件方法，电路开发板主要由以 FPGA/CPU/DSP 为核心的原型电路组成，测试效率要高于软件方法。

1.3.3　成本问题

ASIC 的研发成本包括设计费用、制造费用和人工费用等。开发费用一般以"人·年"为单位计算，即开发过程中的人数与时间的乘积。开发 ASIC 芯片时间可在很大范围内变化。设计时间主要取决于电路功能复杂程度、设计开发工具的应用水平以及 EDA 工具的能力等。设计时间在设计成本中占据主要地位。它不仅影响产品最终的成本，而且受市场竞争的制约。一般来说，对于市场需求量大、通用性强的电路，可采用全定制设计方式以减小芯片面积，提高电路性能。而对于批量不大的专用电路，可采用半定制技术，加上有功能较强的 EDA 工具支持，可以使得设计费用大大降低。这样，即使批量不大，单位芯片设计费用仍然可以接受。而半定制技术的更主要的优点是设计时间大大减少。

习题

1.1　指出集成电路行业发展趋势的主要标志性特征。

1.2　了解国内外主要半导体制造厂的基本情况。

1.3　了解国外主要电子设计自动化 EDA 软件行业主要公司及其主要产品。

1.4　专用集成电路设计流程有哪些主要步骤？

第 2 章　集成电路工艺基础及版图

2.1　引言

芯片的研制是一个复杂的过程，要经历多个设计和制造阶段，其基本过程见图 2.1。图中分设计和制造两大阶段，在设计阶段，芯片设计者经过系统设计、结构设计、逻辑设计、电路设计和版图设计五个基本过程后，将芯片设计的结果（即版图文件）交给芯片制造厂，制造厂根据版图文件制作掩膜，掩膜相当于照片的底片，利用掩膜和工艺生产线制作芯片圆片，最后将圆片上的各个芯片进行划片、封装和测试，形成最终的芯片产品。

在芯片研制过程中，设计方和制造方之间的接口是设计规则。设计规则由芯片制造工程师总结和制定，设计规则经过多次试生产确定无误后，电路设计者就可按设计规则来设计了。

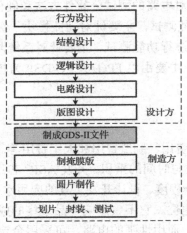

图 2.1　芯片研制过程

2.2　集成电路制造基础

图 2.2 给出了集成电路制造的一般流程，从单晶硅锭的生长开始到芯片的封装测试，集成电路制造大约需要数百道工序、历时几个月的时间，从抛光圆硅片开始到芯片的在片测试，这段时间称为光刻过程。光刻过程是最为关键、技术最为密集的阶段。图 2.3 给出了光刻过程的主要步骤。

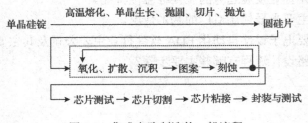

图 2.2　集成电路制造的一般流程

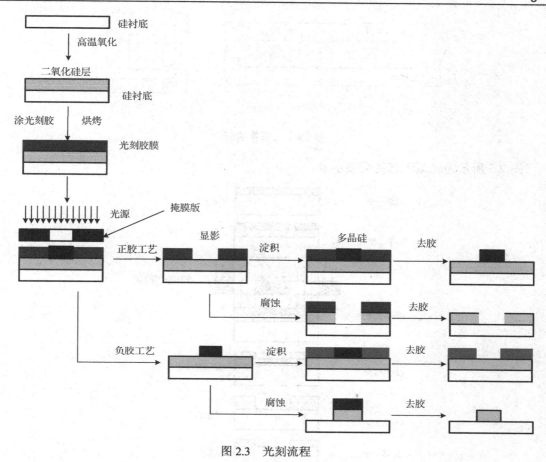

图 2.3　光刻流程

2.2.1　氧化工艺

集成电路的制作需要 SiO_2 这种材料，SiO_2 所起的主要作用如下：

（1）对杂质扩散起掩蔽作用，从而实现选择掺杂的目的。

（2）在 MOS 集成电路中用作绝缘栅介质。

氧化工艺就是生成 SiO_2 的过程。氧化是将硅片放入高温氧化炉内，硅表面原子与氧化剂原子发生反应，形成一层 SiO_2 膜。生成 SiO_2 的具体实现方法又可分为干氧工艺和湿氧工艺两种。其中，干氧工艺的氧化剂是纯氧气，氧化温度一般选在 1200℃左右。湿氧工艺的氧化剂是水汽，氧化温度一般为 900℃～1000℃。湿氧工艺的氧化速度比干氧工艺要快。

2.2.2　光刻工艺

光刻工艺是一种表面精细加工技术，该工艺要在硅表面各层材料上形成预先设计的图形，图形由掩膜版给出。光刻工艺采用了图像复印、材料腐蚀等技术。

下面以二极管为例，简要介绍集成电路制造的基本工艺。

图 2.4(a)所示为阱二极管的截面图，这种二极管是利用 CMOS 工艺、制作在 P 型衬底上的 N-阱中，二极管的两极通过金属电极引出。图 2.4(b)所示为二极管生产掩膜版示意图。

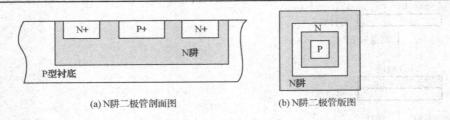

(a) N阱二极管剖面图 (b) N阱二极管版图

图 2.4 二极管的制作

图 2.5 所示为光刻工艺的简要步骤。

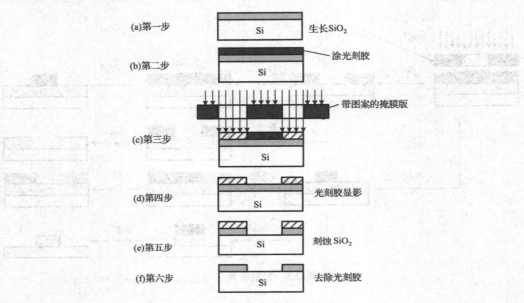

图 2.5 光刻工艺步骤

图 2.5 显示的顺序反映了光刻工艺是如何将掩膜版上的图形转移到硅片表面的。

第一步：氧化，由氧化工艺在硅表面形成 SiO_2 膜。

第二步：涂胶，在 SiO_2 层上涂一层光刻胶。

第三步：曝光，将掩膜版放在硅片表面附近，并在紫外线下曝光。负性光刻胶在光照射下，其中的光敏材料分子相互连接形成难溶的大分子，也称此过程为光刻胶固化。而未受光照区域的光刻胶保持原有属性，未被固化。正性光刻胶则相反，未受光照射区域为固化光刻胶，受光照射区域光刻胶可溶于特定显影液。

第四步：显影，将硅片置于显影液中，未固化的光刻胶被显影液溶解，并在表面形成光刻胶的矩形窗口。

第五步：腐蚀，将硅片放入化学试剂中，将未被光刻胶保护的区域的 SiO_2 腐蚀掉。

第六步：去胶，用适当方法将硅片表面固化的光刻胶去除，仅留下 SiO_2 膜作为选择掺杂的掩蔽膜。

2.2.3 掺杂工艺

掺杂工艺的目的是将杂质掺杂到硅片内部，常用方法有两种：扩散方法和离子注入方法。

1. 扩散方法

扩散方法是将硅片加热到很高的温度，使杂质原子以热扩散的方式掺入硅中的掺杂方法，图 2.6 给出了杂质扩散示意图。

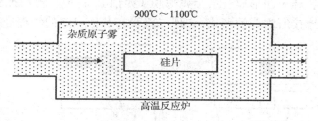

图 2.6 杂质扩散示意图

以上述 PN 结二极管制造为例，经过图 2.5 所示的光刻步骤后，已在硅片表面形成了 SiO$_2$ 掩膜及掺杂的窗口。扩散是在 SiO$_2$ 掩蔽层保护下进行的。具体地说，杂质原子在 SiO$_2$ 内的扩散系数远小于在硅内的扩散系数，只要 SiO$_2$ 层的厚度足够大，该 SiO$_2$ 膜就可起到选择区域掺杂的掩蔽膜的作用；而未被 SiO$_2$ 保护的区域正是掺杂指定区域。

硅表面掺入 5 价元素或 3 价元素的杂质就可形成 PN 结，而硅是 4 价元素。PN 结的深度随着扩散的时间、温度、杂质源扩散系数等因素而改变。掺入 3 价元素形成的区域空穴多，该区域称为 P 型区域；掺入 5 价元素形成的区域电子多，该区域称为 N 型区域。高掺杂浓度 P 型区域用 P+或 p+表示，高掺杂浓度 N 型区域用 N+或 n+表示。

2. 离子注入方法

离子注入是在真空室内使用高能离子束直接注入硅片的掺杂方法。图 2.7 给出了离子注入掺杂方法的简单原理。离子注入形成的杂质分布易于控制，一般可由注入能量和注入杂质剂量来调节掺杂分布。由于离子注入不需要高温过程，因此可以形成很浅的 PN 结。为了实现选择区域掺杂，离子注入中也需要在某种材料的掩膜保护下完成注入掺杂。图 2.7 还给出了掩膜保护下注入掺杂的截面图和掺杂分布示意图。

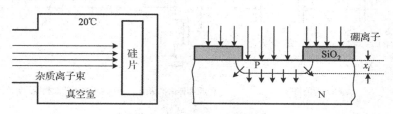

图 2.7 杂质离子注入示意图

2.2.4 金属化工艺

金属化工艺的主要目的有两个：

（1）实现集成电路中元器件之间的连接。

（2）实现金属与半导体材料之间良好的电学接触。

下面以二极管为例讨论金属化工艺过程，具体见图 2.8。

经过氧化、光刻和掺杂处理后，在硅片表面形成了 N 阱，N 阱内制作 P 型和 N 型材料，形成了阱二极管。为了引出二极管的两个极，必须在 P 型材料和 N 型材料上分别引出电极，图 2.8 给出了引出二极管 P 极的方法，首先在 P 型区域生成一个金属接触区窗口，见图 2.8(a)，图 2.8(a)用掩膜版 1 进行光刻，挖掉掩膜版黑方块区域对应的 SiO_2，形成矩形接触区窗口；然后用蒸发或溅射方法在硅表面形成一层金属薄膜（如铝膜）；最后再用掩膜版 2 进行光刻，将金属膜刻蚀成为电路连接所需要的形式，实现二极管与其他电路的物理连接，如图 2.8(b)所示。

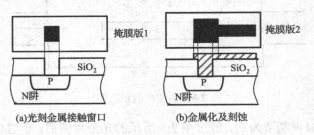

(a)光刻金属接触窗口　　　　　(b)金属化及刻蚀

图 2.8　二极管金属化电极形成步骤

2.3　CMOS 电路加工工艺

CMOS（互补金属–氧化物–硅）工艺电路，由于其静态功耗低、工艺较简单、集成度高等优点，是目前及未来相当长时间内集成电路工艺的主流。CMOS 工艺有多种形式：P 阱工艺、N 阱工艺、双阱工艺和绝缘衬底上的硅（SOI）工艺等。下面通过一个 P 阱工艺的反相器的制作过程，来解释 CMOS 电路加工工艺的基本过程。

图 2.9(a)所示为 MOS 管的基本符号，一般而言，NMOS 管的衬底极 B 是接地的，而 PMOS 管的衬底极 B 是接电源 V_{DD} 的，所以一般电路的 MOS 管只画出 3 个极，即 G、D 和 S，这里为了说明工艺而采用 4 个极，在图 2.9(d)中，反相器版图给出了 4 个极的连接方法。

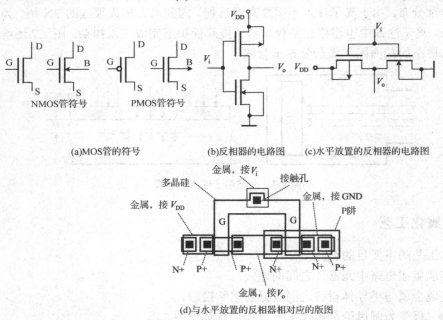

图 2.9　CMOS 反相器及其版图

P 阱 CMOS 工艺的原始硅片是中等掺杂的 N 型衬底硅片，为了制造出 NMOS 管，需要在 N 型衬底上做出 P 阱，NMOS 管制作在 P 阱内，PMOS 管制作在原始硅片 N 型衬底上。

下面用图示方法介绍 CMOS 工艺的主要步骤，具体流程及相应掩膜见图 2.10，主要工艺用了 8 块掩膜版。

图 2.10(a)用了第 1 块掩膜版：用于确定 P 阱区的位置及面积，P 阱形成过程如图 2.10(a)所示，氧化层被刻蚀掉，以便进行 P 阱扩散。

图 2.10(b)用了第 2 块掩膜版：用于确定薄层氧化区。电路中所有 MOS 管都是制造在薄氧化区域内的。薄氧化区也称为有源区，有源区用于后续的掺杂操作，图 2.10(b)给出了薄氧化区光刻示意图。

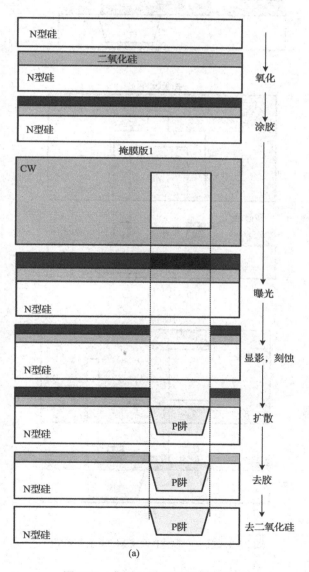

(a)

图 2.10　典型 P 阱 CMOS 工艺流程

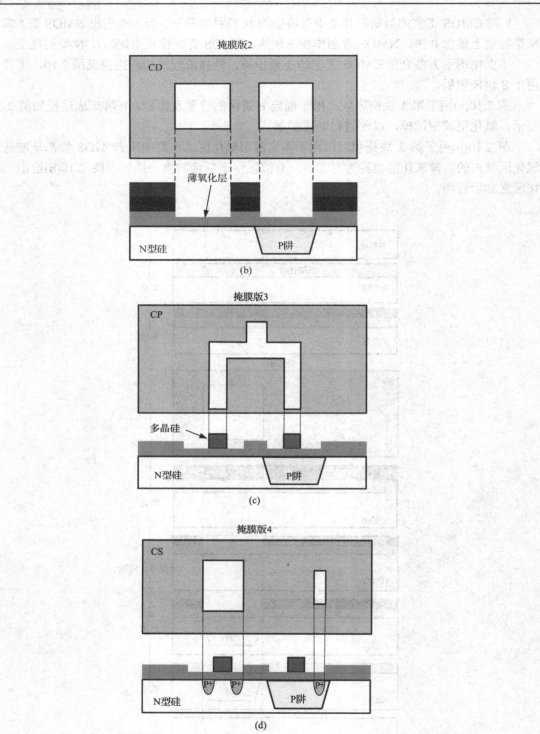

图 2.10（续） 典型 P 阱 CMOS 工艺流程

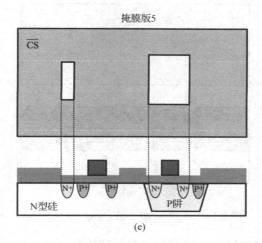

(e)

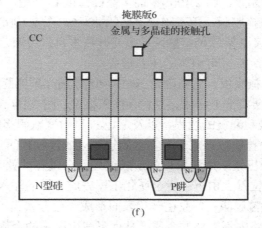

(f)

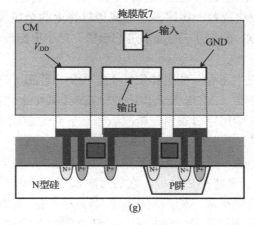

(g)

图 2.10（续）　典型 P 阱 CMOS 工艺流程

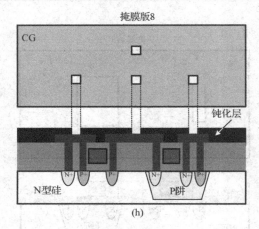

图 2.10（续）　典型 P 阱 CMOS 工艺流程

图 2.10(c)用了第 3 块掩膜版：用于制作多晶硅栅极，并利用多晶硅连线将 PMOS 管和 NMOS 管的两个栅极连接起来，图 2.10(c)中的多晶硅为倒 U 字型，顶端为输入 V_i。

图 2.10(d)用了第 4 块掩膜版：用于确定 P+区的图形，图 2.10(d)中的 P+区，包括左边的 PMOS 管的栅、漏、源以及 P 阱欧姆接触区。多晶硅栅本身作为源、漏掺杂离子注入的掩膜，故也称为硅栅自对准工艺，P+区可由离子注入形成。

图 2.10(e)用了第 5 块掩膜版：它是确定 N+掺杂区域的光刻掩膜版。N+区掩膜版为 P+区掩膜版的负版，即硅片上所有非 P+区均采用 N+注入掺杂。图 2.10(e)表示了 N+掺杂在右边有源区形成 NMOS 管的源极和漏极的过程，以及左边 N 型衬底欧姆接触区的形成。

图 2.10(f)用了第 6 块掩膜版：用于确定欧姆接触区或接触孔的光刻掩膜版，接触孔中的材料是金属，图 2.10(f)画出了欧姆孔窗口的形成过程：金属与扩散区的接触、金属与多晶硅的接触，就在这些接触孔位置上由下一步金属化工序完成金属的注入工作。

图 2.10(g)用了第 7 块掩膜版：首先在硅片表面形成一层金属膜（如铝），用第 7 块掩膜版光刻，有选择地刻蚀掉电路中不需要的金属，从而形成电路中的金属连线。

图 2.10(h)用了第 8 块掩膜版：对硅片进行钝化，将压焊块之外的区域全部由钝化层保护起来，在芯片封装时，压焊块位置上裸露出的金属通过焊上的金属线与芯片外部的管脚相连。

图 2.10 介绍的是 CMOS 电路加工的基本工艺步骤，对于电路设计者来说，了解这些基本过程已足够了。

在实际工艺的制作过程中还有一些更详细的工艺步骤，若想了解较完整的生产工艺步骤，可见下面给出的一种典型 P 阱 CMOS 工艺步骤的一览表。其中工艺制作必需的公共步骤用阿拉伯数字表示，附加工艺步骤用字母表示。掩膜版号数 n 对应前面所述第 n 层掩膜版。

表 2.1 给出了版图与设计有关的详细的 CMOS 加工工艺步骤，尽管实际工序可达近百个或更多，但集成电路制作的基本过程就是光刻技术和掺杂技术。

第 2～8 步工序为完整的 P 阱形成过程，它的形成过程包括先在硅片表面生成一层 SiO_2，然后用光刻的方法在硅片表面形成 SiO_2 以作为 P 阱区掺杂掩膜的窗口。光刻的详细步骤见 2.2.2 节。P 阱可用淀积或离子注入的方法形成。一旦 P 阱制作完成，则依次去除光刻胶的掩膜 SiO_2。图 2.10(a)为 P 阱形成的示意图。

表中第 9～12 步工序用于形成有源区。它同样从生长一层 SiO_2 开始，然后形成一层 Si_3N_4

膜，该 Si_3N_4 主要用作有源区的掩膜。在此之后便是光刻基本工序。由 2 号掩膜版光刻形成的 Si_3N_4 做掺杂掩膜的有源区图形窗口，如图 2.10(b)所示。

表 2.1　P 阱 CMOS 工艺步骤一览表

工序	工艺名称	掩膜版代号
1	清洗硅片	
2	生成薄层 SiO_2	
3	涂光敏抗蚀剂（以下简称涂胶）	
4	光刻 P 阱	（掩膜版 1 号）
5	显影光敏抗蚀剂（以下简称显影）	
6	淀积并扩散 P 型杂质，形成 P 阱	
7	去除光敏抗蚀剂（以下简称去胶）	
8	去除薄层 SiO_2	
9	生长薄层 SiO_2	
10	淀积氮化硅（Si_3N_4）层	
11	涂胶	
12	光刻有源区	（掩膜版 2 号）
13	显影	
14	腐蚀 Si_3N_4	
15	去除光刻胶 选项：调整场区阈值电压 A1 涂胶 A2 场区光刻 A3 显影 A4 场区注入 N 型杂质 A5 去除光刻胶	（掩膜版 A1 号）
16	生长场区氧化层	
17	去除 Si_3N_4	
18	去除薄层 SiO_2	
19	生长栅 SiO_2	
20	淀积第一层多晶硅	
21	涂光刻胶	
22	光刻多晶硅线条	（掩膜版 3 号）
23	显影	
24	腐蚀多晶硅	
25	去除光刻胶 选项：双层多晶硅工艺 B1 去除薄层 SiO_2 B2 生长薄层 SiO_2 B3 淀积第二层多晶硅 B4 涂光刻胶 B5 光刻多晶硅 B6 显影 B7 腐蚀多晶硅 B8 去除光刻胶 B9 去除薄层 SiO_2	（掩膜版 B1 号）
26	涂光刻胶	
27	光刻 PMOS 管源、漏以及 P 阱欧姆接触区 P+环	（掩膜版 4 号）
28	显影	
29	P+杂质注入	

工序	工艺名称	掩膜版代号
30	去除光刻胶	
31	涂光刻胶	
32	N 沟 MOS 管源、漏区与 N+环光刻	（掩膜版 5 号）
33	显影	
34	N+杂质注入	
35	去除光刻胶	
36	去除薄层 SiO$_2$	
37	生长 SiO$_2$	
38	涂光刻胶	
39	光刻欧姆接触孔	（掩膜版 6 号）
40	显影	
41	腐蚀 SiO$_2$	
42	去除光刻胶	
43	形成第一层金属膜	
44	涂光刻胶	
45	光刻第一层金属连线	（掩膜版 7 号）
46	显影	
47	腐蚀金属	
48	去除光刻胶 选项：双层金属工艺 C1 去除薄层 SiO$_2$ C2 淀积双层金属中间的氧化层介质 C3 涂光刻胶 C4 光刻双层金属互连接触孔（VIA） C5 显影 C6 腐蚀氧化层 C7 去除光刻胶 C8 形成第二层金属薄膜 C9 涂光刻胶 C10 光刻第二层金属 C11 显影 C12 腐蚀金属 C13 去除光刻胶	（掩膜版 C1 号） （掩膜版 C2 号）
49	淀积钝化保护膜	
50	涂光刻胶	
51	光刻压焊点	（掩膜版第 8 号）
52	显影	
53	腐蚀钝化膜	
54	去除光刻胶	
55	中测	
56	划片	
57	键合与封装	
58	产品测试	

表中 A1～A5 是场区阈值电压调整的选择工序，它主要用于增加不含有源器件的场区阈值电压。

　　表中第 19～25 步是多晶硅栅的制作过程。它先在硅片表面生长一层高质量的薄层 SiO_2，即栅氧化层，然后淀积多晶硅，用光刻方法形成电路结构所需的多晶硅线条。图 2.10(c)所示为 CMOS 反相器多晶硅光刻示意图。

　　PMOS 管和 NMOS 管分别制作在不同导电类型的半导体材料上，因此工艺中用两次不同的掩膜版光刻和掺杂，分别完成 PMOS 管源漏和 NMOS 管源漏的制作。PMOS 管源、漏形成的同时，还应完成 P 阱保护环。同样，NMOS 管源、漏形成的时候，也应同时完成 N 型衬底与电源之间的欧姆接触，即形成 N+保护环。CMOS 电路中 P+保护环和 N+保护环的作用是防止 CMOS 电路的栓锁效应。P+形成步骤为表 2.1 中第 26～30 步工序。N+形成过程由表 2.1 中第 31～36 步工序完成。光刻示意图分别为图 2.10(d)和图 2.10(e)。

　　表中第 37～42 步为欧姆接触孔制作步骤。欧姆孔是金属与 P+区、金属与 N+区以及金属与多晶硅连接所需的接触窗口，经过表中第 37～42 步工序，在硅片表面指定区域就形成了欧姆接触窗口。图 2.10(f)为 CMOS 反相器欧姆接触孔形成示意图。

　　表中第 43～48 步为金属连线形成过程。有关金属化工艺已在 2.2.4 节介绍。图 2.10(g)给出了 CMOS 反相器金属化过程示意图。

　　一旦金属化完成，就要在电路表面覆盖一层钝化物质。表中第 49～54 步工序所完成的就是在钝化膜表面挖出电路封装时压焊块的窗口，以便电学封装时从压焊块连接至管壳引出脚上。电路中其他部分均由钝化膜保护，防止污染物侵入而导致电路失效。

　　图 2.10 给出的是只有一层金属的 CMOS 工艺的反相器制作过程图。目前，一般的 CMOS 工艺都采用多层互连金属，见图 2.11。

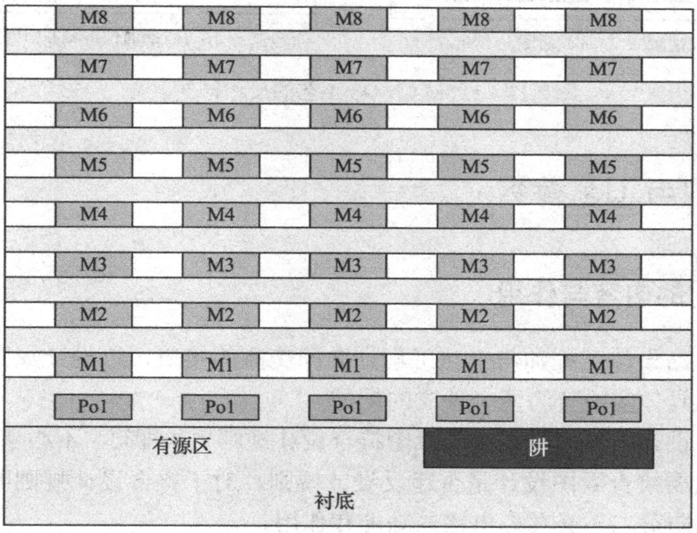

图 2.11　0.13μm 1P8M CMOS 工艺的芯片剖面图

　　在图 2.11 中，"1P8M"表示工艺中可用于导线的有 1 层多晶硅和 8 层金属，其中"Pol"标记的是多晶硅，而"M1"～"M8"标记的是金属。对于芯片来说，工艺提供的互连金属层越多，导线的布线就越方便，导线的布线密度也就可能越大。

　　图 2.12 给出的是用 0.13μm 1P8M CMOS 工艺设计的反相器芯片剖面图，该工艺采用双阱技术，也就是 PMOS 管和 NMOS 管均放在阱中。图 2.12(a)给出了反相器的版图，两个管子的

多晶硅栅是连在一起的，通过接触孔以及 2 层金属，将信号线引出，为简单计，图中只画了两层金属。

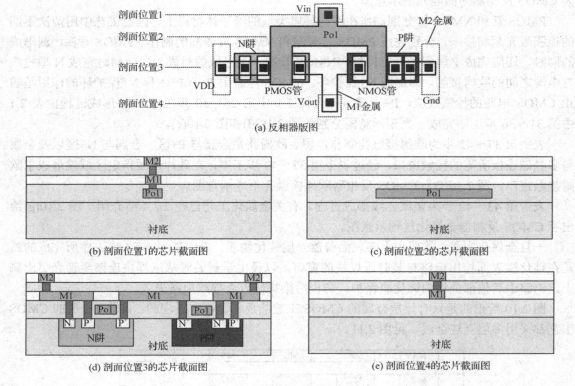

(a) 反相器版图

(b) 剖面位置1的芯片截面图

(c) 剖面位置2的芯片截面图

(d) 剖面位置3的芯片截面图

(e) 剖面位置4的芯片截面图

图 2.12　1P8M CMOS 工艺的反相器剖面图

2.4　设计规则与工艺参数

2.4.1　设计规则的内容与作用

设计规则是电路设计工程师与工艺工程师之间交流的接口，以设计规则为界面，可将电路系统设计和工艺具体实施分为两个独立的领域。

设计者在电路设计中只要使设计的版图符合设计规则要求即可，不必考虑工艺实现问题。

工艺工程师只要检查版图设计是否违反设计规则，对于符合设计规则的版图，只要按照标准工艺进行加工即可，不必关心电路的功能和作用。

设计规则由几何约束条件和电气约束条件两部分组成，这些约束条件是以掩膜版各层几何图形的宽度、间隔、重叠等最小容许值的形式出现的。如果违反约束条件，则可能造成线条断开、网络间短路等故障。

现代集成电路的设计都是依托 EDA 软件的，设计规则都由 EDA 软件进行管理，设计者一般无须记住各种规则的具体内容，只须在设计版图时，定期启动设计规则检查 DRC（Design Rule Check）程序即可，DRC 程序自动完成规则检查、错误报告和错误解释等工作。

2.4.2　设计规则的描述

设计规则的描述方法有两种，即微米设计规则和 λ 设计规则。

在微米设计规则中，尺度的描述是以微米为单位的，现代商用芯片都是采用微米规则设计的。

在 λ 设计规则中，尺度的描述是以 λ 为单位的。一般 λ 取工艺特征尺寸的一半，λ 设计规则一般用于教育领域，一些芯片厂提供给高校和研究机构一些低端的、采用 λ 规则的工艺以及流片机会，以培养学生和未来用户的芯片设计水平。

Mead 和 Conway 最先提出 λ 设计规则，它将各层掩膜版几何尺寸都表示为 λ 的整数倍。

在版图设计中，各种工艺层都有相应的表示方式，如颜色、纹理等，表 2.2 给出的是某 CMOS 工艺的工艺层图形表示方法。

表中各层颜色是 CIF（Caltech Intermediate Format）版图设计的约定，CIF 码采用两个字母描述掩膜版层级：第一个字母表示类别，如 C 代表 CMOS 工艺，N 代表 NMOS 工艺，P 表示 PMOS 工艺等；第二个字母是对应掩膜层的简称。如 CW 表示定义的是 CMOS 工艺的 P 阱层，CP 定义的是 CMOS 工艺的多晶硅层等。

表 2.2　典型 CMOS 工艺层表

层	颜色	CIF 码	层号	说明
P 阱	褐色	CW	1	内部褐色区为 P 阱，外部为 N 型衬底
薄氧化层	绿色	CD	2	薄氧化层一般不能与 P 阱边界交叠
多晶硅	红色	CP	3	多晶硅与薄氧化层交叉构成晶体管
P+	橘黄	CS	4	橘黄区为 P+，多为 PMOS 管源漏
接触孔	紫色	CC	6	紫色区内为金属与硅或多晶硅表面接触孔
金属	蓝色	CM	7	
钝化	紫色虚线	CG	8	

表 2.3 列出了 MOSIS 3μm P 阱 CMOS 工艺的设计规则，采用了微米规则和 λ 规则来表示尺寸。不论何种描述方式，它们描述的对象都是版图各层之间的重叠及线条的间距。

表 2.3　典型 P 阱 CMOS 工艺设计规则

规则	微米	λ
1.　P 阱（掩膜版 1）		
1.1　最小 P 阱宽度	5	4λ
1.2　最小 P 阱间距（相同电势）	9	6λ
1.3　最小 P 阱间距（不同电势）	15	10λ
2.　薄氧化层区或有源区（掩膜版 2）		
2.1　有源区最小宽度	4	2λ
2.2　有源区最小间距	4	2λ
2.3　N 型衬底内 P+区与 P 阱边缘最小距离	8	6λ
2.4　N 型衬底内 N+区与 P 阱边缘最小距离	7	5λ
2.5　P 阱内 N+区与 P 阱边缘最小距离	4	2λ

续表

规则		微米	λ
2.6	P 阱内 P+区与 P 阱边缘最小距离	1	λ
3. 多晶硅（掩膜版 3）			
3.1	多晶硅最小宽度	3	2λ
3.2	多晶硅最小间距	3	2λ
3.3	场区多晶硅与有源区最小距离	2	λ
3.4	多晶硅栅在有源区的最小伸展	3	2λ
3.5	有源区在源漏端的最小伸展	4	2λ
4. P+区（掩膜版 4）			
4.1	P+区对有源区的最小包围	2	λ
4.2	P+区与无关 N+区最小距离	2	λ
4.3	P+区对晶体管栅的最小包围	3.5	2λ
4.4	P+区与栅边缘最小距离	3.5	2λ
4.5	P+区最小间距	3	2λ
4.6	P+区最小宽度	3	2λ
5. N+区（掩膜版 5）			
5.1	N+区对有源区的最小包围	2	λ
5.2	N+区与无关 P+区最小距离	2	λ
5.3	N+区对晶体管栅的最小包围	3.5	2λ
5.4	N+区与栅边缘最小距离	3.5	2λ
5.5	N+区最小间距	3	2λ
5.6	N+区最小宽度	3	2λ
6. 接触孔（掩膜版 6 号）			
6.1	接触孔最小面积（方形） 接触孔最小面积（矩形）	3×3 3×8	2λ×2λ 2λ×6λ
6.2	接触孔最小间距	3	2λ
6.3	多晶硅对接触孔的最小包围	2	λ
6.4	接触孔与多晶硅栅最小距离	3	2λ
6.5	金属对接触孔的最小包围	2	λ
6.6	有源区对接触孔的最小包围	2	λ
7. 金属（掩膜版 7 号）			
7.1	金属最小宽度	3	2λ
7.2	金属最小间距	4	3λ
7.3	最大电流密度	0.8mA/μm	0.8mA/μm
8. 钝化（掩膜版 8 号）			
8.1	键合压焊块面积	90μm×90μm	90μm×90μm
8.2	探针接触块面积	65μm×65μm	65μm×65μm

图 2.13 为 CMOS 工艺的 λ 设计规则的图示。

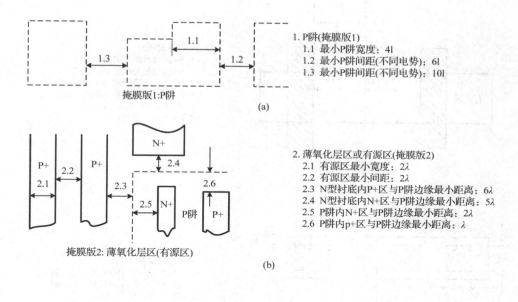

1. P阱(掩膜版1)
   1.1 最小P阱宽度：4l
   1.2 最小P阱间距(不同电势)：6l
   1.3 最小P阱间距(不同电势)：10l

掩膜版1：P阱

(a)

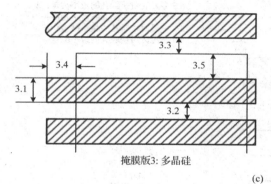

2. 薄氧化层区或有源区(掩膜版2)
   2.1 有源区最小宽度：2λ
   2.2 有源区最小间距：2λ
   2.3 N型衬底内P+区与P阱边缘最小距离：6λ
   2.4 N型衬底内N+区与P阱边缘最小距离：5λ
   2.5 P阱内N+区与P阱边缘最小距离：2λ
   2.6 P阱内p+区与P阱边缘最小距离：λ

掩膜版2：薄氧化层区(有源区)

(b)

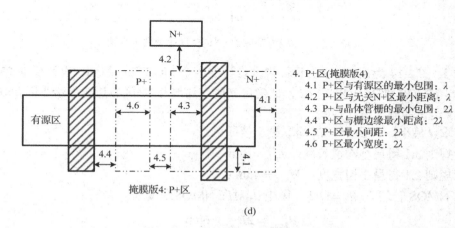

3. 多晶硅(掩膜版3)
   3.1 多晶硅最小宽度：2λ
   3.2 多晶硅最小间距：2λ
   3.3 场区多晶硅与有源区最小距离：λ
   3.4 多晶硅栅在有源区的最小伸展：2λ
   3.5 有源区在源漏端的最小伸展：2λ

掩膜版3：多晶硅

(c)

4. P+区(掩膜版4)
   4.1 P+区与有源区的最小包围：λ
   4.2 P+区与无关N+区最小距离：λ
   4.3 P+与晶体管栅的最小包围：2λ
   4.4 P+区与栅边缘最小距离：2λ
   4.5 P+区最小间距：2λ
   4.6 P+区最小宽度：2λ

掩膜版4：P+区

(d)

图 2.13　以λ为基准的 CMOS 设计规则示意图

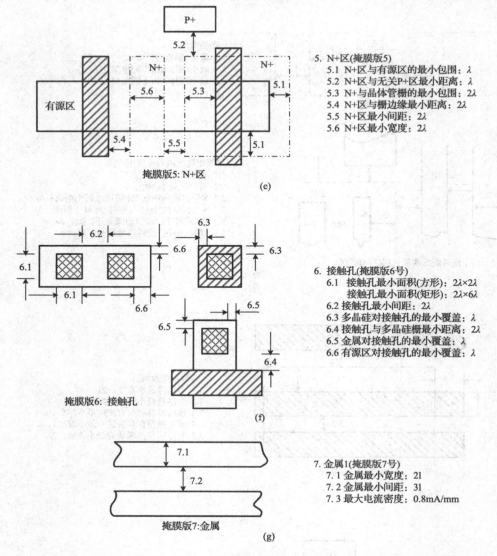

5. N+区(掩膜版5)
  5.1 N+区与有源区的最小包围：λ
  5.2 N+区与无关P+区最小距离：λ
  5.3 N+与晶体管栅的最小包围：2λ
  5.4 N+区与栅边缘最小距离：2λ
  5.5 N+区最小间距：2λ
  5.6 N+区最小宽度：2λ

掩膜版5: N+区

(e)

6. 接触孔(掩膜版6号)
  6.1 接触孔最小面积(方形)：$2\lambda \times 2\lambda$
      接触孔最小面积(矩形)：$2\lambda \times 6\lambda$
  6.2 接触孔最小间距：2λ
  6.3 多晶硅对接触孔的最小覆盖：λ
  6.4 接触孔与多晶硅栅最小距离：2λ
  6.5 金属对接触孔的最小覆盖：λ
  6.6 有源区对接触孔的最小覆盖：λ

掩膜版6: 接触孔

(f)

7. 金属1(掩膜版7号)
  7.1 金属最小宽度：2λ
  7.2 金属最小间距：3λ
  7.3 最大电流密度：0.8mA/mm

掩膜版7:金属

(g)

图 2.13（续）　以λ为基准的 CMOS 设计规则示意图

【例 2.1】　图 2.14 为按表 2.3 的设计规则设计的两个 MOS 管的版图。设计要求 PMOS 管的 $L/W=6$，NMOS 管的 $L/W=1/2$，试确定 P 阱左边缘与 P+区右边缘的最小间距 d。设计时采用表 2.3 给出的微米设计规则。

解： 要求 d 最小，只要 $d_1 \sim d_{11}$ 均取最小值即可。

由设计规则 3.1 得最小沟道长度：$L_{\min}=3\mu m$；

由设计规则 2.1 得最小栅宽度：$W_{\min}=4\mu m$；

因要求 NMOS 管的 $L/W=1/2$，图中 d_2 对应 NMOS 管宽度，故有：

$$d_{2\min}=2L_{\min}=6\mu m$$

因要求 PMOS 管的 $L/W=6$，图中 d_8 对应 PMOS 管栅长，故有：

$$d_{8\min}=6W_{\min}=24\mu m$$

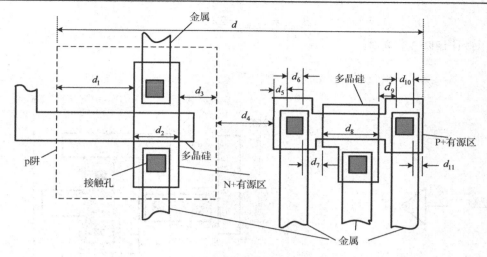

图 2.14　版图设计示例

d_1、d_3 由设计规则 2.5 确定：

$$d_{1\min} = 4\mu m\ ,\quad d_{3\min} = 4\mu m$$

d_4 由设计规则 2.3 确定：

$$d_{4\min} = 8\mu m$$

d_5、d_{11} 由设计规则 6.6 确定：

$$d_{5\min} = 2\mu m\ ,\quad d_{11\min} = 2\mu m$$

d_6、d_{10} 由设计规则 6.1 确定：

$$d_{6\min} = 3\mu m\ ,\quad d_{10\min} = 3\mu m$$

d_7、d_9 由设计规则 6.4 确定：

$$d_{7\min} = 3\mu m\ ,\quad d_{9\min} = 3\mu m$$

将上面得到的 $d_1 \sim d_{11}$ 的最小值相加，即得 d 的最小值为：

$$d_{\min} = \sum_{i=1}^{11} d_{i\min} = 62\mu m$$

【例 2.2】　图 2.15(b)是按最小尺寸设计的传输门加反相器电路的部分版图，求 X 和 Y 的最小值，计算采用表 2.3 的 λ 规则。

解：版图中的水平尺寸 X 由 $d_1 \sim d_{17}$ 这 17 个分段组成，见图 2.15(c)的标注。

d_1 由设计规则 2.5 确定：$d_{1\min} = 2\lambda$；

d_2、d_8、d_{14} 和 d_{16} 由设计规则 6.6 确定：

$$d_{2\min} = d_{8\min} = d_{14\min} = d_{16\min} = 1\lambda\ ;$$

d_3、d_7、d_{11} 和 d_{15} 由设计规则 6.1 确定：

$$d_{3\min} = d_{7\min} = d_{11\min} = d_{15\min} = 2\lambda\ ;$$

d_4 和 d_6 由设计规则 6.4 确定：

$$d_{4\min} = d_{6\min} = 2\lambda ;$$

d_5 由设计规则 3.1 确定：

$$d_{5\min} = 2\lambda ;$$

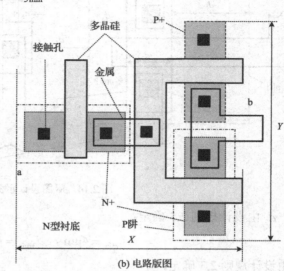

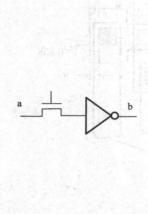

(a) 电路图

(b) 电路版图

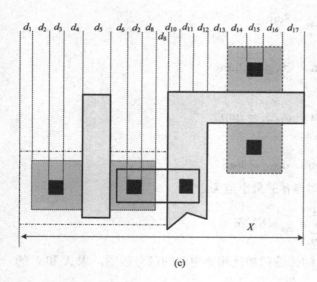

(c)

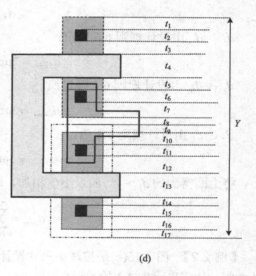

(d)

图 2.15　版图设计示例

d_9 和 d_{13} 由设计规则 3.3 确定：

$$d_{9\min} = d_{13\min} = \lambda ;$$

d_{10} 和 d_{12} 由设计规则 6.3 确定：

$$d_{10\min} = d_{12\min} = \lambda ;$$

d_{17} 由设计规则 3.4 确定：

$$d_{17\min} = 2\lambda ;$$

所以

$$X = \sum_{i=1}^{17} d_{i-\min} = 28\lambda$$

版图中的垂直尺寸 Y 由 $t_1 \sim t_{17}$ 这 17 个分段组成，见图 2.15(d)的标注。

t_1、t_7、t_{10} 和 t_{16} 由设计规则 6.6 确定：

$$t_{1\min} = t_{7\min} = t_{10\min} = t_{16\min} = 1\lambda$$

t_2、t_6、t_{11} 和 t_{15} 由设计规则 6.1 确定：

$$t_{2\min} = t_{6\min} = t_{11\min} = t_{15\min} = 2\lambda ;$$

t_3、t_5、t_{12} 和 t_{14} 由设计规则 6.4 确定：

$$t_{3\min} = t_{5\min} = t_{12\min} = t_{14\min} = 2\lambda$$

t_4 和 t_{13} 由设计规则 3.1 确定：

$$t_{4\min} = t_{13\min} = 2\lambda$$

t_8 由设计规则 2.3 确定：

$$t_{8\min} = 6\lambda$$

t_9 和 t_{17} 由设计规则 2.5 确定：

$$t_{9\min} = t_{17\min} = 2\lambda$$

所以

$$Y = \sum_{i=1}^{17} t_{i-\min} = 34\lambda$$

2.5 电学参数

集成电路器件是由扩散层、多晶硅层、金属层通过绝缘介质层隔开而组成的。每一层上都有电阻，层与层之间都有电容，它们是估算电路和系统性能的基本成分。

2.5.1 分布电阻

一个均匀的平板导电材料的形状见图 2.16(a)，其电阻可表示为：

$$R = \rho \frac{L}{S} = \frac{\rho}{t}\left(\frac{L}{W}\right) \tag{2.1}$$

式中，ρ 为导体的电阻率，t 为导体的厚度，L 为导体的长度，W 为导体的宽度，S 为导体的截面积。

令 $\rho_s = \rho / t$，式（2.1）可改写为：

$$R = R_s \frac{L}{W} \tag{2.2}$$

式中，R_s 称为方块电阻，它的单位是 $\Omega /$ 方块。R_s 直接由芯片工艺厂家通过实测方法求得，并通过设计规则的形式提交给设计用户。

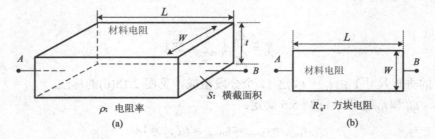

图 2.16　电阻模型

在使用上，式（2.2）比式（2.1）要方便，只要知道材料的长、宽以及 R_s，就可算出电阻，见图 2.16(b)。

表 2.4 给出了典型 3μm P 阱 CMOS 工艺各导电层的方块电阻值。

表 2.4　典型 3μm P 阱 CMOS 工艺各层电阻值

层	阻值	容差	单位
衬底	25	±20%	Ω/cm
P 阱	5000	±2500	Ω/方块
N+扩散层	35	±25	Ω/方块
P 扩散层	80	±55	Ω/方块
金属	0.003	±25%	Ω/方块
多晶硅	25	±25%	Ω/方块
金属 1 与多晶硅（接触孔 3μm×3μm）	<10		Ω
金属 1 与 P+或 N+扩散区（接触孔 3μm×3μm）	<5		Ω

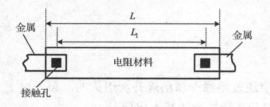

图 2.17　条形电阻示例

图 2.17 为条形导电材料版图。设 L_1 为两个接触孔中心之间的距离，L 和 W 为导电层的长度和宽度，当 $L \gg W$ 时，可近似认为 $L_1 \approx L$，则总的电阻等于长条电阻加上两个接触孔电阻 R_{con}：

$$R = R_s \frac{L}{W} + 2R_{con} \qquad (2.3)$$

MOS 管的伏安特性是非线性的，因此 MOS 管导通时源漏两端的等效电阻也是非线性电阻，但有时可用估算式估计 MOS 管导通电阻的大致范围，如 NMOS 管的导通电阻的估算式为：

$$R_{on} = \frac{1}{(\mu_n C_{ox})(V_{gs} - V_{tn})} \frac{L}{W} = K \frac{L}{W} \qquad (2.4)$$

式中，K 具有方块电阻的量纲，即 Ω/方块，一般 $K = 5 \sim 30$（kΩ/方块），而材料电阻的方块电阻值为 $R_s = 0.003 \sim 25$（Ω/方块）。显然，MOS 管导通电阻的面积利用率远比材料电阻高，但 MOS 管电阻对温度变化比较敏感，一般温度每升高 1℃，沟道电阻约增加 25%。

MOS 管导通电阻主要来源于沟道，所以一般称为沟道电阻。

【例 2.3】　某标准电阻 R_1 的长度等于 L，宽度等于 W，试用同种电阻材料设计一个新电阻，其阻值等于 R_1 的 3 倍。

解：图 2.18(a)表示基本电阻，电阻材料为多晶硅。

第一种方法：用同种电阻材料的长条电阻 R_2 实现 $3R_1$，见图 2.18(b)，可取 R_2 的长度为 $3L$，宽度仍为 W，则 $R_2 = 3R_1$。

第二种方法：用三个 R_1 电阻串联成 $3R_1$ 电阻，用金属层作为连接导电层，见图 2.18(c)。金属层和接触孔的电阻也可忽略。

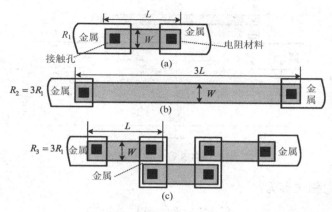

图 2.18　电阻设计示例

2.5.2　分布电容

在芯片上，任何两个导电层与它们之间的绝缘层都构成一平行板电容。平行板电容值可表示为：

$$C = \frac{\varepsilon_0 \varepsilon_r}{D} \cdot S = C_s \cdot S \qquad (2.5)$$

$$C_s = \frac{\varepsilon_0 \varepsilon_r}{D} \qquad (2.6)$$

式中，D 为绝缘层厚度，S 为电极面积，ε_0 是真空介电常数，$\varepsilon_0 = 8.85 \times 10^{-14} \, \text{F/cm}$，$\varepsilon_r$ 为绝缘层介质相对介电常数，与方块电阻类似，C_s 表示单位面积的电容值，简称面电容。

表 2.5 给出了某 CMOS 工艺的典型面电容值和边电容值。

表 2.5　3μm CMOS 工艺典型面电容值

电容	典型值	容差值	单位
C_{ox}（N 管、P 管栅电容）	0.7	±0.1	fF/μm²
多晶硅与衬底（场区多晶电容）	0.045	±0.01	fF/μm²
金属 1 与衬底（场区金属电容）	0.025	±0.005	fF/μm²
金属 1 与多晶硅	0.04	±0.01	fF/μm²
金属 1 与扩区	0.04	±0.01	fF/μm²
N+扩散区与 P 阱（PN 结底部电容）	0.33	±0.17	fF/μm²
N+扩散区侧墙（PN 结周边电容）	2.6	±0.6	fF/μm
p+扩散区与衬底（PN 结底部电容）	0.38	±0.12	fF/μm²
p+扩散区侧墙（PN 结周边电容）	3.5	±2.0	fF/μm
P 阱与衬底	0.2	±0.1	fF/μm²
P 阱侧墙周边电容	1.6	±1.0	fF/μm

MOS 电路中寄生电容主要由以下几类电容组成：栅电容、扩散区电容和连线电容。

1. 栅电容

MOS 管寄生电容的分布见图 2.19。

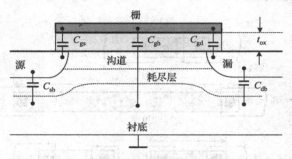

图 2.19　MOS 管寄生电容的分布

在图 2.19 中，总栅电容为：

$$C_g = C_{gb} + C_{gs} + C_{gd} \tag{2.7}$$

其中，C_{gb} 称为本征栅电容，有计算式：

$$C_{gb} = C_{ox} \cdot S \tag{2.8}$$

式中，C_{ox} 称为 MOS 管的单位面积栅电容，有计算式：

$$C_{ox} = \frac{\varepsilon_0 \varepsilon_{ox}}{t_{ox}} \tag{2.9}$$

式中，ε_o 为真空介电常数，ε_{ox} 为栅氧化层 SiO_2 的相对介电常数，t_{ox} 为栅氧化层的厚度。

式（2.8）中的 S 为栅的面积，当 MOS 管的栅长为 L、栅宽为 W 时，有：

$$S = LW \tag{2.10}$$

式（2.7）中的 C_{gs} 和 C_{gd} 分别为栅源交叠寄生电容和栅漏交叠寄生电容，对于一般的估算，可忽略 C_{gs} 和 C_{gd}。

MOS 管的栅电容一般不是常值，它随 MOS 管沟道状态的变化而变化，即受 V_{gs} 的影响，如图 2.20 所示。利用这个特点，MOS 管也可作为一个可变电容来用。

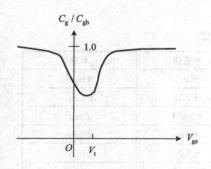

图 2.20　随 V_{gs} 变化的总的栅电容

2. 扩散区电容

CMOS 电路中，扩散区与衬底之间、扩散区与阱之间都会形成 PN 结，从而形成扩散区平板电容。PN 结相当于平板电容中间的绝缘层，扩散电容与 PN 结的面积成正比，对于 MOS 管来说，扩散电容即 C_{sb} 和 C_{db}，见图 2.21。

扩散电容的求法见图 2.21，扩散电容是扩散区底面积和侧面积的函数，即：

$$C_{sb} = C_{ja} \times (ab) + C_{jp} \times (2a + 2b) \tag{2.11}$$

$$C_{db} = C_{ja} \times (ab) + C_{jp} \times (2a + 2b) \qquad (2.12)$$

式中，a 为扩散区宽度，b 为扩散区长度，扩散区底面积为 ab，扩散区侧面积为 $(2a+2b)t$，t 为扩散区的深度，扩散区底部产生的结电容为 $C_{ja}ab$，其中 C_{ja} 为扩散区单位面积的结电容，扩散区 4 个侧面产生的结电容为 $(2a+2b)tC_{ja}$，对于给定工艺来说，t 是常数，令 $C_{jp} = tC_{ja}$，C_{jp} 表示单位长度的结电容。

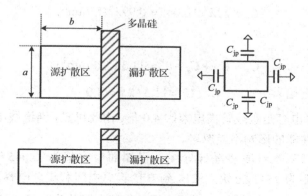

图 2.21　扩散电容的面积和周边电容

3．连线电容

金属与衬底、金属与多晶硅、多晶硅与衬底之间的连线均可以形成分布电容，这一类的连线电容可近似用平板电容模型来描述：

$$C = \frac{\varepsilon_0 \varepsilon_r}{t} \cdot S = C_s \cdot S \qquad (2.13)$$

$$C_s = \frac{\varepsilon_0 \varepsilon_r}{t} \qquad (2.14)$$

式中，ε_r 是不同层之间绝缘介质的相对介电常数，ε_0 是真空介电常数，t 是绝缘介质的厚度，S 为连线的有效面积，C_s 为连线的单位面积的电容，简称面电容。表 2.5 已给出 $3\mu m$ CMOS 工艺的典型面电容值。

【例 2.4】　图 2.22 给出了一个电路的版图及几何尺寸。

（1）求 A 到 B 的总电容。

（2）求栅电容。

（3）总电容是栅电容的多少倍。（电容参数由表 2.5 给出。）

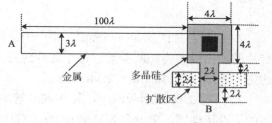

图 2.22　电容估算示例

解： 首先考虑金属与衬底之间的电容 C_m：

$$C_m = 100\lambda \times 3\lambda \times C_{ms}$$

查表，$C_{ms} = 0.025 \text{fF}/\mu m^2$，则

$$C_m = 300\lambda^2 \times 0.025 = 7.5\lambda^2 (\text{fF}/\mu m^2)$$

设多晶硅栅电容为 C_g，栅面积等于 $2\lambda \times 2\lambda$，查表得栅面电容为 $0.7 \text{fF}/\mu m^2$，因此得：

$$C_g = 0.7 \times 2\lambda \times 2\lambda = 2.8\lambda^2 (\text{fF}/\mu\text{m}^2)$$

考虑多晶硅连线电容，设多晶硅连线面积 S_p 为：

$$S_p = 4\lambda \times 4\lambda + \lambda \times 2\lambda + 2\lambda \times 2\lambda = 22\lambda^2$$

场区多晶硅与衬底之间的面电容为 $0.045\text{fF}/\mu\text{m}^2$，多晶硅总的连线电容 C_p 为：

$$C_p = 22\lambda^2 \times 0.045 = 0.99\lambda^2 (\text{fF}/\mu\text{m}^2)$$

总电容 C_T 为：

$$C_T = C_m + C_g + C_p = 11.3\lambda^2 (\text{fF}/\mu\text{m}^2)$$

总电容与栅电容之比为： $C_T / C_g = 11.3 / 2.8 \approx 4.0$

计算结果表明，总电容是负载管栅电容的 4.0 倍。由此可见，当连线电容值大于栅电容时，连线分布电容对电路性能的影响不能忽略。

【**例 2.5**】 图 2.23 是一段多晶硅导线，已知面电容值为 $0.045\,\text{fF}/\mu\text{m}^2$，边电容值为 $0.035\,\text{fF}/\mu\text{m}$，方块电阻为 $25\,\Omega/$方块，求 A 到 B 的集总电阻和集总电容。

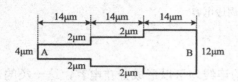

图 2.23 电容估算示例

解：集总电阻分为三段：

$$R = 25 \times \left(\frac{14}{4} + \frac{14}{8} + \frac{14}{12} \right) \approx 160\,\Omega$$

面电容为：

$$C_1 = 0.045 \times 14 \times (4 + 8 + 12) = 15.12\,\text{fF}$$

边电容为：

$$C_2 = 0.035 \times (14 \times 6 + 2 \times 4 + 4 + 12) = 3.78\,\text{fF}$$

集总电容为：

$$C = C_1 + C_2 = 15.12 + 3.78 = 18.9\,\text{fF}$$

习题

2.1 某芯片面积为 $5 \times 5\text{mm}^2$，生产中采用 6 英寸硅片，假定生产的成品率为 25%，每个硅片的加工成本为 200 美元，每个芯片的封装费用为 0.75 美元，请按上述条件估算合格电路的生产成本。（已知 1 in = 2.54cm。）

2.2 图 2.14 所示版图中，若 PMOS 管的 $L/W = 8$，NMOS 管的 $L/W = 1/3$，用表 2.3 给出的 λ 设计规则，求 P 阱左边缘与 P+ 区右边缘的最小距离 d。

2.3 假设 MOS 电路中某层的电阻率 $\rho = 1\Omega \cdot \text{cm}$，该层的厚度为 $1\mu\text{m}$，试计算：

（a）由这层材料制作的长度为 $55\mu\text{m}$、宽度为 $5\mu\text{m}$ 的电阻值。

（b）若使用方块电阻的概念，计算该材料电阻的公式是什么？

（c）计算该材料的方块电阻值。

2.4 利用 $2\mu\text{m} \times 6\mu\text{m}$ 的多晶硅栅极覆盖在 $4\mu\text{m} \times 14\mu\text{m}$ 的薄氧化层区正中央构成一个 MOS 晶体管，栅电容 $C_{ox} = 10^{-3}\text{pF}/\mu\text{m}^2$，扩散区电容 $C_{ja} = 10^{-4}\text{pF}/\mu\text{m}^2$，扩散区周边电容

$C_{jb} = 10^{-3} \text{pF}/\mu\text{m}^2$，场区多晶硅与衬底之间的电容 $C_p = 5 \times 10^{-5} \text{pF}/\mu\text{m}^2$，试计算多晶硅区和扩散区的电容。

2.5　图 2.24 是一个电路的部分版图，求 A 到 B 的总电容。已知工艺的典型面电容值为：C_{ox} 为 0.6fF/μm^2，金属与衬地为 0.03fF/μm^2，金属与多晶硅为 0.045fF/μm^2，金属与扩区为 0.05fF/μm^2，多晶硅与衬地为 0.045fF/μm^2。

2.6　求图 2.25 所示版图中 d 的最小值，要求 P 管的 $W/L = 6$，部分设计规则为：有源区最小宽度 2λ，多晶硅最小宽度 2λ，多晶硅最小间距 2λ，接触孔面积为 $2\lambda \times 2\lambda$，多晶硅栅与接触孔最小距离 1λ，有源区或多晶硅对接触孔最小覆盖 1λ，接触孔最小间距 2λ，多晶硅栅在有源区的最小伸展 2λ，金属对接触孔的最小覆盖 1λ，栅边缘与 N$^+$区最小距离 2λ，N 阱边缘与 P 型衬底内 N$^+$区最小距离 6λ，N 阱边缘与 N 阱内 P$^+$区最小距离 2λ，场区多晶硅与有源区最小距离 1λ。

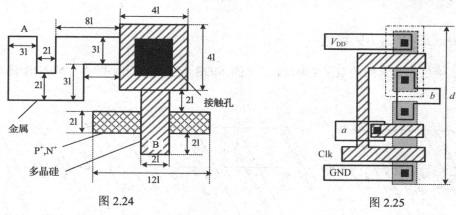

图 2.24　　　　　　　　　　　　　图 2.25

2.7　图 2.26 是两段多晶硅导线，已知面电容值为 0.043fF/μm^2，边电容值为 0.029fF/μm，方块电阻为 27Ω/方块，求 A 到 B 的集总电阻和集总电容。

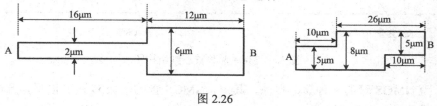

图 2.26

2.8　图 2.27 为按表 2.3 的微米规则设计的两个 MOS 管，现要求 P 管的 $L/W = 6$，N 管的 $L/W = 1/2$，求 d 的最小值。

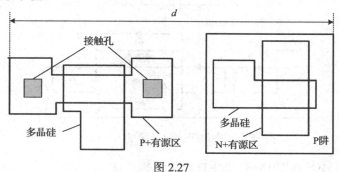

图 2.27

第 3 章　MOS 晶体管与电路设计基础

3.1　MOS 晶体管的基本模型

MOS 晶体管的模型有很多种，本章给出的是一种常用的、近似的、用于定性分析的模型，主要用于电路的手算分析，而电路特性的精确结果可采用商用电路仿真程序 SPICE 来获得。

3.1.1　NMOS 管的 *I-V* 特性

图 3.1 给出的是常用的双阱 CMOS 工艺的 MOS 管基本结构，图中，NMOS 管和 PMOS 管均制作在阱内。

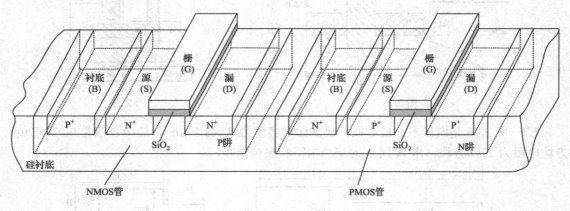

图 3.1　MOS 晶体管三维结构图

图 3.2 为 NMOS 管的一种典型接法，其中，NMOS 管的漏极 D 接高电平，源极 S 和衬底极 B 接地，栅极 G 接控制信号。

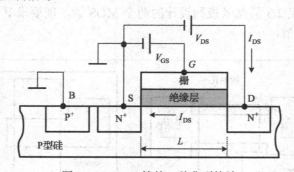

图 3.2　NMOS 管的一种典型接法

图 3.3 给出了 NMOS 管的电流–电压特性曲线簇。

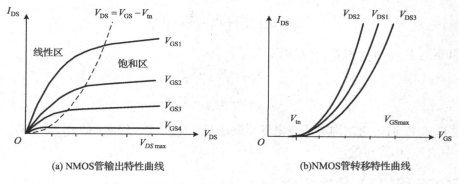

(a) NMOS管输出特性曲线　　　　　　　　(b)NMOS管转移特性曲线

图 3.3　NMOS 管 I-V 特性曲线

当 V_{GS} 大于 NMOS 管的阈值电压 V_{tn} 时，将在与栅下绝缘层接触的 P 型硅表面附近感应出电子，并形成导电沟道。当漏-源电压 $V_{DS}>0$ 时，将产生电流 I_D。

一般使用的 NMOS 管是增强型的，即当 $V_{GS}=0$ 时，$I_{DS}\approx 0$。

在图 3.2 所示的电路中，先固定一个 V_{GS} 值，然后使 V_{DS} 从零增大到一个最大值 V_{DSmax}，测得一组 I_{DS} 值，可得到一条 I_{DS}-V_{DS} 曲线，设置不同的 V_{GS}，可得出不同的 I_{DS}-V_{DS} 曲线，这族曲线称为 NMOS 管的输出特性曲线，见图 3.3(a)。

在图 3.2 所示的电路中，先固定一个 V_{DS} 值，然后使 V_{GS} 从零增大到一个最大值 V_{GSmax}，测得一组 I_{DS} 值，可得到一条 I_{DS}-V_{GS} 曲线，设置不同的 V_{DS}，可得出不同的 I_{DS}-V_{GS} 曲线，这族曲线称为 NMOS 管的转移特性曲线，见图 3.3(b)。

利用量子力学等理论，可得出高精度 MOS 管模型方程，这些方程广泛用于各种 SPICE 仿真程序中。而下面给出的 MOS 管模型方程是采用经典电动力学导出的，一般用于定性分析，精度较好。

NMOS 管的一般方程如下：

$$I_{DS} = C_{ox}\mu_n \frac{W_n}{L_n}\left(V_{GS}-V_{tn}-\frac{V_{DS}}{2}\right)V_{DS}$$
$$= \beta_n\left(V_{GS}-V_{tn}-\frac{V_{DS}}{2}\right)V_{DS} \tag{3.1}$$

式中，C_{ox} 为单位面积栅氧化层电容，μ_n 为电子迁移率，单位是 $cm^2/V\cdot s$，W_n 是 NMOS 管的栅宽，L_n 是 NMOS 管的栅长。

$$\beta_n = C_{ox}\mu_n\frac{W_n}{L_n} \tag{3.2}$$

β_n 称为 NMOS 管增益因子，对于给定的工艺，μ_n 和 C_{ox} 是确定值。在电路设计中，L_n 一般采用工艺规定的最小值，以提高工作速度，确定管子的尺寸只需要选择 W_n 即可。

在图 3.3(a)中，虚线将输出特性曲线平面分成两个区域，曲线左边的区域称为线性区，曲线右边的区域称为饱和区。虚线代表的关系为：

$$V_{DS} = V_{GS}-V_{tn} \tag{3.3}$$

在线性区，V_{GS}、V_{DS} 和 I_{DS} 满足以下关系：

$$V_{DS} < V_{GS}-V_{tn} \tag{3.4}$$

$$I_{DS} = \beta_n \left(V_{GS} - V_{tn} - \frac{V_{DS}}{2} \right) V_{DS} \tag{3.5}$$

在饱和区，V_{GS}、V_{DS} 和 I_{DS} 满足以下关系：

$$V_{DS} > V_{GS} - V_{tn} \tag{3.6}$$

$$I_{DS} = \frac{\beta_n}{2} (V_{GS} - V_{tn})^2 \tag{3.7}$$

当 V_{DS} 超过 $V_{GS} - V_{tn}$ 时，内部沟道两端电压钳制在 $V_{GS} - V_{tn}$，式（3.7）的 I_{DS} 是将 $V_{GS} - V_{tn}$ 取代式（3.5）中的 V_{DS} 而求得的。

3.1.2　PMOS 管的 I-V 特性

PMOS 管与 NMOS 管工作过程相同，PMOS 管中的导电电荷是空穴，因此其偏置电压极性与 NMOS 相反。图 3.4 给出了 PMOS 管的偏置条件。

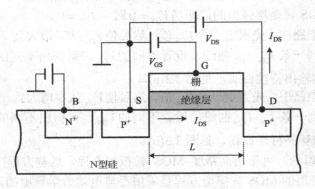

图 3.4　PMOS 管正常工作时的偏置条件

PMOS 管阈值电压 V_{tp} 为负值，只有 V_{GS} 小于或等于 V_{tp} 时，栅下沟道区才形成空穴导电层。PMOS 管源极电压高于漏极电压，因此 PMOS 管电流方向是从源极流向漏极的。PMOS 管 $I \sim V$ 特性见图 3.5。

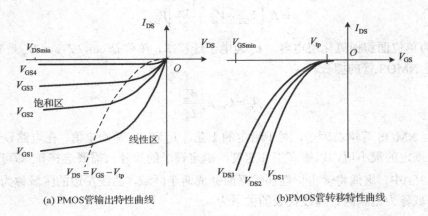

(a) PMOS 管输出特性曲线　　　　　　　　(b) PMOS 管转移特性曲线

图 3.5　PMOS 管 I-V 特性曲线

PMOS 管的一般方程与 NMOS 管相同，仅偏置极性相反，将 NMOS 管特性方程中的电压信号取绝对值，即可得 PMOS 管的特性方程。

在线性区：

$$I_{SD} = \beta_p \left(|V_{GS}| - |V_{tp}| - \frac{|V_{DS}|}{2} \right) |V_{DS}| \qquad (3.8)$$

$$\beta_p = C_{ox} \mu_p \frac{W_p}{L_p} \qquad (3.9)$$

在饱和区：

$$I_{SD} = \frac{\beta_p}{2} \left(|V_{GS}| - |V_{tp}| \right)^2 \qquad (3.10)$$

μ_p 为空穴迁移率，一般 $\mu_p < \mu_n$，如某工艺，$\mu_n = 710 \text{cm}^2/\text{V} \cdot \text{s}$，$\mu_p = 230 \text{cm}^2/\text{V} \cdot \text{s}$。

3.2　CMOS 反相器直流特性

反相器是数字集成电路中最基本的门电路，图 3.6 给出了 CMOS 反相器的电路和符号，图中标出了各管的源极和漏极。

数字集成电路中的逻辑 "0" 的电压表示范围是 $0 \sim V_{DD}/2$，逻辑 "1" 的电压表示范围是 $V_{DD}/2 \sim V_{DD}$，$V/2$ 称为逻辑阈值电压。在 CMOS 工艺中，MOS 管的源、漏极在物理上是可互换的，实际的源漏极由偏置电压来确定，NMOS 管沟道两端电位最高的一端为漏极。PMOS 管沟道两端电位最低的一端为漏极。

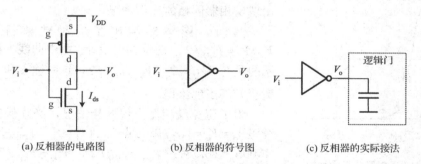

(a) 反相器的电路图　　　　　(b) 反相器的符号图　　　　　(c) 反相器的实际接法

图 3.6　CMOS 反相器的电路图和符号图

下面分析反相器的三种工作情况。

1. $V_i = 0V$ 的情况

NMOS 管的 $V_{GS} = 0$，NMOS 管不导通，PMOS 管接电源的极为源极，PMOS 管的 $V_{GS} = -V_{DD}$，PMOS 管的 $V_{GS} < V_{tp}$，因此，PMOS 管导通，输出端 V_o 通过 PMOS 管与电源 V_{DD} 相连，故 $V_o = V_{DD}$。

2. $V_i = V_{DD}$ 的情况

这时，NMOS 管的 $V_{GS} = V_{DD}$，NMOS 管满足 $V_{GS} > V_{tn}$，所以 NMOS 管导通，PMOS 管的 $V_{GS} = 0$，PMOS 管不导通，输出端 V_o 通过 NMOS 管与地相连，故 $V_o = 0V$。

3. V_i 在 $0 \sim V_{DD}$ 之间情况

当 V_i 在 $0V \sim V_{DD}$ 之间变化时，V_o 也将随之改变。V_o 与 V_i 变化关系称为反相器的转移特性，见图 3.7，转移特性一般可用 SPICE 程序算出。

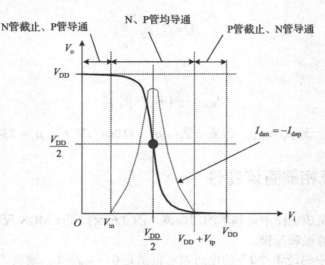

图 3.7　CMOS 反相器传输特性

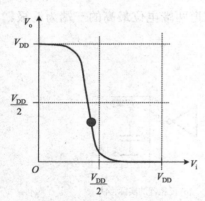

图 3.8　CMOS 反相器的异常情况

在图 3.7 中，垂直线 $V_i = V_{DD}/2$ 和水平线 $V_o = V_{DD}/2$ 有一个交点，转移特性必须经过这个交点，否则有时会出现反相器同相的异常情况。

例如，图 3.8 给出了一种转移特性不经过 $V_i = V_o = V_{DD}/2$ 点的反相器设计，图中曲线上标示的点表示的是 $V_i < V_{DD}/2$，$V_o < V_{DD}/2$，这时输入和输出均为逻辑 "0"，出现错误。

为了避免反相器出现同相情况，必须保证转移特性经过 $V_i = V_o = V_{DD}/2$ 的点。当 $V_i = V_o = V_{DD}/2$ 时，对于 NMOS 管来说，$V_{GS} = V_{DD}/2$，$V_{DS} = V_{DD}/2$，显然，$V_{DS} > V_{GS} - V_{tn}$，NMOS 管工作在饱和区，有

$$I_{dsn} = \frac{1}{2}\beta_n \left(\frac{V_{DD}}{2} - V_{tn} \right)^2 \tag{3.11}$$

对于 PMOS 管来说，$V_{GS} = -V_{DD}/2$，$V_{DS} = -V_{DD}/2$，显然，$V_{DS} < V_{GS} - V_{tp}$，PMOS 管工作在饱和区，有

$$|I_{dsp}| = \frac{1}{2}\beta_p \left(\frac{V_{DD}}{2} - |V_{tp}| \right)^2 \tag{3.12}$$

由 $|I_{dsp}| = I_{dsn}$ 并假设 $V_{tn} = |V_{tp}|$，则得到关系式：

$$\beta_n = \beta_p \tag{3.13}$$

即

$$\mu_n \frac{W_n}{L_n} = \mu_p \frac{W_p}{L_p}$$

一般栅长取最小值，即 $L_n = L_p = L_{min}$，所以有：

$$\frac{W_p}{W_n} = \frac{\mu_n}{\mu_p} \tag{3.14}$$

3.3　信号传输延迟

集成电路内部的信号延迟一般来源于门延迟和连线延迟。

信号从逻辑门的输入到输出所经历的时间称为门延迟，信号从导线的一端到另一端所经历的时间称为连线延迟。

随着集成电路工艺特征尺寸的减小，门延迟越来越小，而连线延迟的影响越来越突出。

3.3.1　CMOS 反相器的延迟时间

先定义信号波形的几个特征参数，见图 3.9。

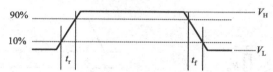

图 3.9　信号波形的特征参数

在图 3.9 中，信号波形的低电平为 V_H，高电平为 V_H，信号幅度为 $V_A = V_H - V_L$。

上升时间 t_r 规定为：信号高度从 $0.1V_A$ 变到 $0.9V_A$ 所经历的时间。

下降时间 t_f 规定为：信号高度从 $0.9V_A$ 变到 $0.1V_A$ 所经历的时间。

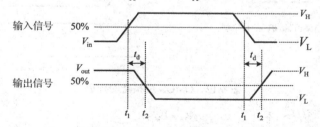

图 3.10　信号延迟的特征参数

延迟时间 t_d 规定为：输入的变化导致输出的变化，输入信号变化到高度为 $0.5V_A$ 的时刻为 t_1，输出信号变化到高度为 $0.5V_A$ 的时刻为 t_2，$t_d = t_2 - t_1$，见图 3.10 的解释。

讨论反相器的延迟特性时必须要考虑它所带的负载，见图 3.11。

CMOS 反相器后面所接的逻辑门就是负载，负载对于反相器来说可近似看成一个等效电容，见图 3.11，最简单的逻辑门负载就是反相器。

先讨论 CMOS 反相器后接一个负载电容的情况，基于 MOS 管的开关电阻模型，可以建立 CMOS 反相器的开关 RC 简化模型，见图 3.12。利用这个模型可估算反相器的延迟特性。

图中，CMOS 反相器中的 PMOS 管由开关 $\overline{s_1}$ 和上拉电阻 R_{up} 组成，反相器中的 NMOS 管由开关 s_1 和下拉电阻 R_{down} 组成。

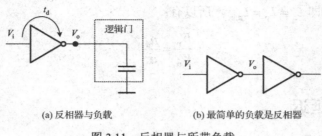

(a) 反相器与负载   (b) 最简单的负载是反相器

图 3.11   反相器与所带负载

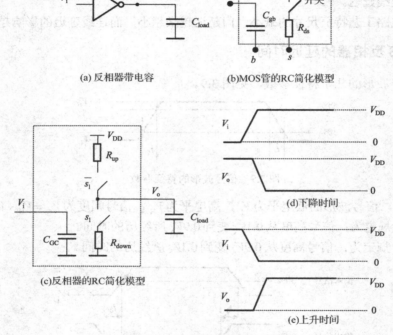

(a) 反相器带电容   (b)MOS管的RC简化模型

(c)反相器的RC简化模型

(d)下降时间

(e)上升时间

图 3.12   CMOS 反相器的延迟

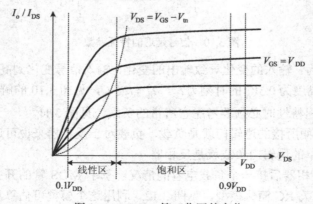

图 3.13   NMOS 管工作区的变化

1. 下降时间

当输入端 V_i 加上 $0V \rightarrow V_{DD}$ 的阶跃信号时，NMOS 管的 $V_{GS} = V_{DD}$，PMOS 管的 $V_{GS} = 0V$，这时 NMOS 管导通，PMOS 管截止，负载电容 C_{load} 通过 NMOS 管等效电阻 R_{down} 放电。

在放电过程中，R_{down} 的值随电容 C_{load} 上的电压变化而变化，在电容上的电压 $V_o = V_{DS}$ 从 $0.9V_{DD}$ 下降到 $V_{DD} - V_{tn}$ 的过程中，NMOS 管工作在饱和区；在电容上的电压 $V_o = V_{DS}$ 从 $V_{DD} - V_{tn}$ 下降到 $0.1V_{DD}$ 过程中，NMOS 管工作在线性区，见图 3.13。

放电电流 $I_o = I_{DS} = -C_{load} \dfrac{dV_o}{dt}$，当 $V_o = V_{DS} > (V_{GS} - V_{tn}) = (V_{DD} - V_{tn})$ 时，放电电流 $I_o = I_{DS}$ 就等于这时 NMOS 管在饱和区的工作电流，即：

$$-C_{load} \frac{dV_o}{dt} = \frac{\beta_n}{2}(V_{GS} - V_{tn})^2 = \frac{\beta_n}{2}(V_{DD} - V_{tn})^2 \tag{3.15}$$

$$dt = -C_{load} \frac{2}{\beta_n(V_{DD} - V_{tn})^2} dV_o \tag{3.16}$$

令 V_o 从 $0.9V_{DD}$ 下降到 $(V_{DD} - V_{tn})$ 的时间为 t_{f1}，对式（3.16）积分可得 t_{f1}：

$$\int_0^{t_{f1}} dt = \int_{0.9V_{DD}}^{V_{DD} - V_{tn}} \left[-C_{load} \frac{2}{\beta_n(V_{DD} - V_{tn})^2} \right] dV_o \tag{3.17}$$

$$t_{f1} = \frac{2C_{load}(V_{tn} - 0.1V_{DD})}{\beta_n(V_{DD} - V_{tn})^2} \tag{3.18}$$

当 V_o 小于 $V_{DD} - V_{tn}$ 后，NMOS 管工作在线性区，放电电流 $I_o = I_{DS}$ 就等于这时 NMOS 管在线性区的工作电流，即：

$$I_o = I_{DS} = -C_{load} \frac{dV_o}{dt} = \beta_n \left[(V_{DD} - V_{tn})V_o - \frac{V_o^2}{2} \right] \tag{3.19}$$

令 V_o 从 $V_{DD} - V_{tn}$ 放电到 $0.1V_{DD}$ 的时间为 t_{f2}，对（3.19）式积分可得 t_{f2}：

$$t_{f2} = \frac{C_{Load}}{\beta_n} \int_{0.1V_{DD}}^{V_{DD} - V_{tn}} \frac{dV_o}{(V_{DD} - V_{tn})V_o - \dfrac{V_o^2}{2}} = \frac{C_{load}}{\beta_n(V_{DD} - V_{tn})} \ln\left(\frac{19V_{DD} - 20V_{tn}}{V_{DD}} \right) \tag{3.20}$$

CMOS 反相器的下降时间 t_f 为两段时间之和：

$$t_f = t_{f1} + t_{f2} = \frac{2C_{load}}{\beta_n(V_{DD} - V_{tn})} \left[\frac{V_{tn} - 0.1V_{DD}}{V_{DD} - V_{tn}} + \frac{1}{2} \ln\left(\frac{19V_{DD} - 20V_{tn}}{V_{DD}} \right) \right] \tag{3.21}$$

假定 $V_{tn} = 0.2V_{DD}$，$V_{DD} = 5V$，则 t_f 为：

$$t_f = 3.687 \frac{C_L}{\beta_n V_{DD}} \tag{3.22}$$

下降时间 t_f 更简单的估算方法是直接用饱和区的电流来估计负载放电电流，t_f 有近似的求法，即：

$$t_f = \int_0^{t_f} dt = \int_{V_{DD}}^0 \frac{-2C_{load}}{\beta_n(V_{DD} - V_{tn})^2} dV_o = \frac{2C_{load}V_{DD}}{\beta_n(V_{DD} - V_{tn})^2} \tag{3.23}$$

当 $V_{tn} = 0.2V_{DD}$ 时，由式（3.23）得 t_f 为：

$$t_f = \frac{2C_{load}V_{DD}}{\beta_n(V_{DD} - 0.2V_{DD})^2} = 3.125\frac{C_{load}}{\beta_n V_{DD}} \tag{3.24}$$

由此可见，直接用饱和区的电流来估计负载放电电流，也可求得较准的 t_f。

在图 3.12(c)中，负载电容 C_{load} 和 NMOS 管组成一个 RC 网络，t_f 实际就是这个网络的时间常数，即 $t_f = R_{down}C_{load}$，由式（3.23）也可求得 R_{down} 的估算式：

$$R_{down} = \frac{2V_{DD}}{\beta_n(V_{DD} - V_{tn})^2} \tag{3.25}$$

R_{down} 就是 NMOS 管近似的等效电阻。

2. 上升时间

当输入端 V_i 加上 $V_{DD} \to 0V$ 的阶跃电压时，PMOS 管的 $V_{GS} = -V_{DD}$，NMOS 管的 $V_{GS} = 0V$，PMOS 导通，NMOS 管截止，电源通过 PMOS 管对负载 C_{load} 充电。由于 CMOS 电路是对称的，用类似方法可求得上升延迟时间 t_r 为：

$$t_r = \frac{2C_{load}}{\beta_p(V_{DD} - |V_{tp}|)}\left[\frac{|V_{tp}| - 0.1V_{DD}}{V_{DD} - |V_{tp}|} + \frac{1}{2}\ln\left(\frac{19V_{DD} - 20|V_{tp}|}{V_{DD}}\right)\right] \tag{3.26}$$

当 $V_{tn} = 0.2V_{DD}$，$V_{DD} = 5V$ 时，由（3.26）式可得

$$t_r = 3.687\frac{C_{load}}{\beta_p V_{DD}} \tag{3.27}$$

也可用充电电流恒等于 PMOS 管工作在饱和区的电流来近似得到 t_r：

$$t_r = \frac{2C_{load}V_{DD}}{\beta_p(V_{DD} - |V_{tp}|)^2} \tag{3.28}$$

同样，将 R_{up} 看成是 PMOS 管的等效电阻，即：

$$R_{up} = \frac{2V_{DD}}{\beta_p(V_{DD} - |V_{tp}|)^2} \tag{3.29}$$

由式（3.25）和式（3.29）可知，要想获得相同的上升时间和下降时间，即 $t_r = t_f$，则等效电阻 R_{up} 和 R_{down} 应该相等，即：

$$R_{up} = \frac{2V_{DD}}{\beta_p(V_{DD} - |V_{tp}|)^2} = R_{down} = \frac{2V_{DD}}{\beta_n(V_{DD} - V_{tn})^2} \Rightarrow \beta_n = \beta_p \tag{3.30}$$

因为 $\beta_n = C_{ox}\mu_n\dfrac{W_n}{L_n}$，$\beta_p = C_{ox}\mu_p\dfrac{W_p}{L_p}$，因 NMOS 管和与 PMOS 管的栅长一般取最小值 L_{min}，所以有：

$$C_{ox}\mu_n\frac{W_n}{L_{min}} = C_{ox}\mu_p\frac{W_p}{L_{min}} \Rightarrow \mu_n W_n = \mu_p W_p \Rightarrow \frac{W_p}{W_n} = \frac{\mu_n}{\mu_p} \tag{3.31}$$

对于一般的 MOS 工艺来说，$\mu_n / \mu_p \approx 2.5$，所以 PMOS 管栅宽 W_p 取为 NMOS 管栅宽 W_n 的 2.5 倍时，反相器可以获得相同的上升时间和下降时间。

对于具体的工艺来说，W_p / W_n 的值要根据实际的 μ_n / μ_p 的值来确定。

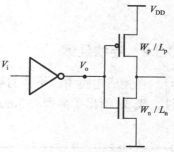

图 3.14　反相器负载的计算

3. 延迟时间

在 MOS 电路中，基本门的平均延迟时间 t_{av} 规定为：

$$t_{av} = \frac{t_r + t_f}{4} \qquad (3.32)$$

如果反相器后面接的也是一个反相器，则负载电容的计算应该为后一级反相器的 NMOS 管和 PMOS 管的两个栅电容之和，见图 3.14。

由图 3.14 可见，后一级反相器的 NMOS 管和 PMOS 的栅电容分别为 C_{GN} 和 C_{GP}：

$$C_{GN} = C_{ox} W_n L_n \qquad (3.33)$$

$$C_{GP} = C_{ox} W_p L_p \qquad (3.34)$$

式中，W_n 和 W_p 分别为栅宽。L_n 和 L_p 分别为栅长。

前一级反相器的负载电容 C_{load} 近似等于后级两个栅电容的并联：

$$C_{load} = C_{GN} + C_{GP} \qquad (3.35)$$

【例 3.1】　有两个相同尺寸的 CMOS 反相器相级联，其中，NMOS 管的栅长和栅宽分别为 $L_n = 2\mu m$ 和 $W_n = 4\mu m$，PMOS 管的栅长 $L_p = 2\mu m$，已知 $\mu_n = 450 cm^2/V \cdot s$，$\mu_p = 150 cm^2/V \cdot s$，$V_{tn} = 0.8V$，$V_{tp} = -0.8V$，$C_{ox} = 1fF/\mu m^2$，$V_{DD} = 3V$。试问 PMOS 管的栅宽取多少，前级反相器才能获得相同的上升和下降时间？并求门的平均延迟时间。

解：前级反相器的负载电容 C_{load} 为：

$$C_{load} = C_{ox}(W_n L_n + W_p L_p)$$

为获得前级反相器相同的上升和下降时间，应使 $\beta_n = \beta_p$，即：

$$C_{ox} \mu_n \frac{W_n}{L_n} = C_{ox} \mu_p \frac{W_p}{L_p}$$

代入具体参数得：

$$W_p = 3W_n$$

将 W_p 值代入 C_{load} 表达式：

$$C_{load} = C_{ox}(W_n L_n + W_p L_p) = 1fF/\mu m^2 \times 2\mu m \times (4\mu m + 12\mu m) = 32fF$$

由式（3.23）计算 t_f 为：

$$t_f = \frac{2C_{load}V_{DD}}{\beta_n(V_{DD} - V_{tn})^2} = 0.44ns$$

由对称性可知：

$$t_f = t_r = 0.44ns$$

反相器的平均门延迟时间 t_{av} 为：

$$t_{av} = \frac{t_r + t_f}{4} = 0.22\text{ns}$$

3.3.2　连线延迟

在集成电路中，不同的导电层材料都有相对于衬底的寄生电容，可以影响信号的传输特性。表 3.1 给出了典型的 3μm CMOS 工艺中几种典型导电层的面电容。

表 3.1　3μm CMOS 工艺的典型电容值

名称	绝对值（fF/μm²）
C_{ox}（NMOS 管和 PMOS 管栅电容）	0.7
多晶硅与衬底的电容（场区多晶）	0.045
金属与衬底的电容（场区金属）	0.025
金属与扩区	0.04
多晶与金属	0.04

由表 3.1 可见，栅电容的电容密度大，而其他材料的电容密度相对较小，因此，对于短的连线来说，它的寄生电容可以忽略，但在实际电路中，连线的面积通常远大于晶体管栅面积，这种情况下连线的寄生电容就不能忽略了。

典型 3μm CMOS 工艺各连线层的电阻值如表 2.4 所示。多晶硅和扩散区的方块电阻通常比金属的大 3 个数量级，较短的多晶硅和扩散区连线的电阻值远小于晶体管等效电阻值，可以忽略，但对于很长的多晶硅和扩散区连线，其电阻的影响不能忽略，因此，长线一般尽量采用金属。

长线的分布电阻和分布电容的影响不能忽略，这类长线导致的信号传输延迟时间可用分布 RC 链模型来估算。图 3.15 是长线的分布 RC 链等效电路模型，长线可切成若干个小段，每个段可用一个 RC 网络来近似，整个长线构成一个 RC 网络的链，其中，R 为每节 RC 网络内部的等效电阻，C 为每节 RC 网络内部的等效电容。

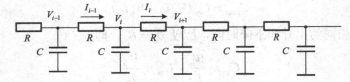

图 3.15　用分布 RC 链表示的长线

节点 V_i 的时间响应可由下式给出：

$$C\frac{dV_i}{dt} = (I_{i-1} - I_i) = \frac{V_{i-1} - V_i}{R} - \frac{V_i - V_{i+1}}{R} \tag{3.36}$$

当网络节数变得很大，即每个节变得很小时，上式可写为微分的形式：

$$(c \cdot dx) \cdot \frac{dV_i}{dt} = \frac{V_{i-1} - V_i}{(r \cdot dx)} - \frac{V_i - V_{i+1}}{(r \cdot dx)} \tag{3.37}$$

式中，x 为线段的长度，r 是单位长度的电阻值，c 是单位长度的电容值。对式（3.37）进行变换，得到：

$$rc \cdot \frac{\mathrm{d}V_i}{\mathrm{d}t} = \frac{\dfrac{V_{i-1} - V_i}{\mathrm{d}x} - \dfrac{V_i - V_{i+1}}{\mathrm{d}x}}{\mathrm{d}x} \rightarrow rc \cdot \frac{\mathrm{d}V}{\mathrm{d}t} = \frac{\mathrm{d}^2V}{\mathrm{d}x^2} \tag{3.38}$$

当输入端加一阶跃电压时，求解方程（3.38），得到信号通过长度为 l 的连线所需的时间 t_x 为：

$$t_x = \frac{rc}{2}l^2 \tag{3.39}$$

上式表明，长线的信号延迟与长线的长度平方成正比。因此，为了减少长线的延迟，一般采用将长线分段，然后在段与段之间插缓冲器的方法。例如，在图 3.16 中，有一条长 2mm 的多晶硅线，其中，$r = 12\Omega/\mu m$，$c = 4 \times 10^{-4}\,\mathrm{pF}/\mu m$，它产生的延时为：

$$t_{p1} = 2.4 \times 10^{-15} \times 2000^2 = 9.6\mathrm{ns}$$

现在将它分为两个 1mm 的段，中间插一个缓冲器，而每个 1mm 的段所产生的延时为：

$$t_{p2} = 2.4 \times 10^{-15} \times 1000^2 = 2.4\mathrm{ns}$$

假定缓冲器产生的延时是 τ_{buf}，则多晶硅长线的总延迟时间变为：

$$t_{p3} = 2 \times t_{p2} + \tau_{\mathrm{buf}} = 4.8\mathrm{ns} + \tau_{\mathrm{buf}}$$

因此，与原来的 9.6ns 相比，只要 τ_{buf} 足够小，通过将总线分段的方法就能缩短延迟时间。

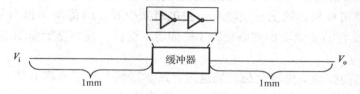

图 3.16　多晶硅线的分段

3.3.3　电路扇出延迟

逻辑门电路输出端所接负载的个数称为逻辑门的扇出，电路总的负载电容等于各单个负载电容之和。图 3.17 给出了反相器带不同负载的情况，其中，反相器 1 是驱动器，而反相器 2 是负载，在图 3.17(a)和(c)中，反相器的扇出分别是 1 和 3。

在图 3.17(a)和(b)中，反相器 1 的负载电容是负载反相器的 PMOS 管栅电容 C_{gp} 和 NMOS 管栅电容 C_{gn} 之和，即：

$$C_{\mathrm{load1}} = C_{\mathrm{gp}} + C_{\mathrm{gn}} \tag{3.40}$$

在图 3.17(c)和(d)中，反相器 1 的负载电容为：

$$C_{\mathrm{load2}} = 3(C_{\mathrm{gp}} + C_{\mathrm{gn}}) \tag{3.41}$$

假设反相器 1 的上拉电阻和下拉电阻均为 R。

对于图 3.17(a)的情形，反相器 1 的平均延迟时间为：

$$t_{d1} = \frac{1}{2}RC_{\mathrm{load1}} = \frac{1}{2}R(C_{\mathrm{gp}} + C_{\mathrm{gn}}) \tag{3.42}$$

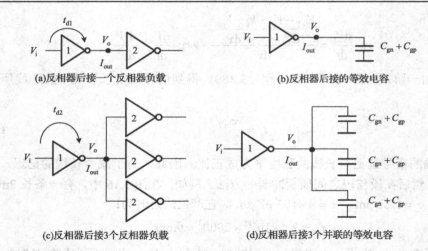

(a)反相器后接一个反相器负载　　　(b)反相器后接的等效电容

(c)反相器后接3个反相器负载　　　(d)反相器后接3个并联的等效电容

图 3.17　电路扇出

对于图 3.17(c)的情形，反相器 1 的平均延迟时间为：

$$t_{d2} = \frac{1}{2}RC_{load2} = \frac{3}{2}R(C_{gp} + C_{gn}) = 3t_{d1} \tag{3.43}$$

显然，反相器扇出为 3 时产生的延迟是扇出为 1 时的 3 倍，由式（3.43）可知，为了获得相同的延迟，只要将反相器的上拉电阻和下拉电阻减少到 $R/3$ 即可，也就是将反相器 1 的 NMOS 管和 PMOS 管的栅宽增加到原来的 3 倍即可，这样，反相器的驱动电流将增大到原来的 3 倍。

为了保证逻辑门驱动大电容负载时的速度，增加逻辑门管子的栅宽是一条途径，但单纯增加栅宽会引起输出寄生电容的增大并造成前一级电路的驱动困难，有时会得不偿失，因此，更好的解决办法是使用下节的驱动电路结构。

【例 3.2】　某 1μm CMOS 工艺的主要参数为：$\mu_n = 500 \text{cm}^2/\text{V} \cdot \text{s}$，$\mu_p = 200 \text{cm}^2/\text{V} \cdot \text{s}$，$C_{ox} = 0.985 \text{fF}/\mu\text{m}^2$，$V_{tn} = -V_{tp} = 0.8\text{V}$，试求图 3.18 所示电路从 A 到 B 的延迟时间，其中，管子的栅宽见图中的标注，$V_{DD} = 3\text{V}$，负载 $C_L = 10\text{fF}$。

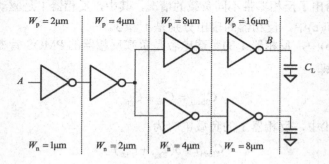

图 3.18　延迟计算举例

解：管子的栅长均取最小值：$L_p = 1\mu\text{m}$，$L_n = 1\mu\text{m}$。

第一级反相器管子的栅宽取为：$W_{p1} = 2\mu\text{m}$，$W_{n1} = 1\mu\text{m}$。

第一级反相器管子的增益因子和等效电阻为：

$$\beta_{n1} = C_{ox}\mu_n \frac{W_n}{L_n} = 0.985\left(\frac{fF}{\mu m^2}\right) \times 500 \times 10^8 \times \frac{\mu m^2}{V \cdot s} \times \frac{1\mu m}{1\mu m} = 4.925 \times 10^{-5} F/V \cdot s$$

$$R_{n1} = \frac{2V_{DD}}{\beta_{n1}(V_{DD} - V_{tn})^2} = 25.17k\Omega$$

$$\beta_{p1} = C_{ox}\mu_p \frac{W_p}{L_p} = 9.85 \times 10^{-4}\left(\frac{pF}{\mu m^2}\right) \times 200 \times 10^8 \frac{\mu m^2}{V \cdot s} \times \frac{2\mu m}{1\mu m} = 3.94 \times 10^{-5} F/V \cdot s$$

$$R_{p1} = \frac{2V_{DD}}{\beta_p \left(V_{DD} - |V_{tp}|\right)^2} = 31.46k\Omega$$

第一级反相器的等效负载为：

$$C_{L1} = C_{ox}(L_pW_{p2} + L_nW_{n2}) = 9.85 \times 10^{-4} \times (1 \times 4 + 1 \times 2) = 5.91 \times 10^{-3} pF$$

第一级反相器的延迟为：

$$t_{av1} = \frac{t_r + t_f}{4} = \frac{C_{L1}(R_{n1} + R_{p1})}{4} = \frac{521.262 \times 10^{-12}s}{4} = 83.67ps$$

第二级反相器的延迟计算如下：

$$R_{n2} = R_{n1}/2 = 12.58K\Omega, R_{p2} = R_{p1}/2 = 15.73k\Omega$$

$$C_{L2} = 2 \times C_{ox}(L_pW_{p3} + L_nW_{n3}) = 2 \times 9.85 \times 10^{-4}(pF) \times (1 \times 8 + 1 \times 4) = 2.36 \times 10^{-2} pF$$

$$t_{av2} = \frac{t_r + t_f}{4} = \frac{C_{L2}(R_{n2} + R_{p2})}{4} = 167ps$$

第三级反相器的延迟计算如下：

$$R_{n3} = R_{n2}/2 = 6.29K\Omega, R_{p3} = R_{p2}/2 = 7.86k\Omega$$

$$C_{L3} = C_{ox}(L_pW_{p4} + L_nW_{n4}) = 9.85 \times 10^{-4}(pF) \times (1 \times 16 + 1 \times 8) = 2.36 \times 10^{-2} pF$$

$$t_{av3} = \frac{t_r + t_f}{4} = \frac{C_{L3}(R_{n3} + R_{p3})}{4} = 83.49ps$$

第四级反相器的延迟计算如下：

$$R_{n4} = R_{n3}/2 = 3.15K\Omega, \quad R_{p3} = R_{p2}/2 = 3.93k\Omega$$

$$t_{av4} = \frac{t_r + t_f}{4} = \frac{C_L(R_{n3} + R_{p3})}{4} = 17.68ps$$

$$t_{total} = t_{av1} + t_{av2} + t_{av3} + t_{av4} = 83.67ps + 167ps + 83.49ps + 17.68ps = 351.84ps$$

因此，A 到 B 的总延迟时间为 352ps。

3.3.4　大电容负载驱动电路

对于芯片来说，一些大的电容负载有长线、I/O 缓冲器、焊盘和芯片外电容负载等，这些大电容负载与芯片内常用的标准门的栅电容相比要大几个数量级。如何快速地驱动大电容负载呢？Mead 等人给出了用逐级放大反相器链来驱动大电容负载的方法，图 3.19 画出了逐级放大反相器链驱动电路的管子尺寸设计规则。

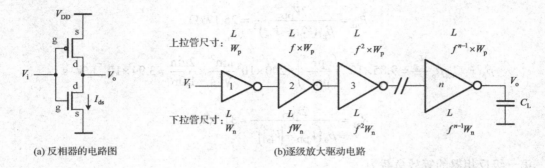

图 3.19 逐级放大驱动电路

反相器中所有管子的栅长均取 L，L 可取工艺规定的最小值。

第一级反相器 NMOS 管的栅宽为 W_n，PMOS 管的栅宽为 W_p，假设 $\mu_n / \mu_p = 2.5$，为了获得对称的电学特性，可取 $W_p = 2.5W_n$。

第二级、第三级直至第 n 级反相器的栅宽安排见图 3.19(b)，图中的 f 是比例因子。

先计算第一级反相器的延迟，不失一般性，由式（3.25）和式（3.29），假设第一级反相器中 NMOS 管和 PMOS 管的源、漏端电阻为：

$$R_N = \frac{2V_{DD}}{\beta_n(V_{DD} - V_{tn})^2}, \quad R_P = \frac{2V_{DD}}{\beta_p(V_{DD} - |V_{tp}|)^2}$$

则第一级反相器产生的延迟 t_1 为：

$$t_1 = \frac{t_f + t_d}{4} = \frac{C_{L2}R_N + C_{L2}R_P}{4} = C_{L2}\left(\frac{L_n}{W_n}a_n + \frac{L_p}{W_p}a_p\right) = C_{L2}\left(\frac{a_n}{W_n} + \frac{a_p}{W_p}\right)L \tag{3.44}$$

其中，a_n 和 a_p 是常数，$a_n = \dfrac{V_{DD}}{2C_{ox}\mu_n(V_{DD} - V_{tn})^2}$，$a_p = \dfrac{V_{DD}}{2C_{ox}\mu_p(V_{DD} - |V_{tp}|)^2}$。

C_{L2} 是第二级反相器的输入栅电容：

$$C_{L2} = C_{ox}(L \times fW_n + L \times fW_p) = fC_{ox}L(W_n + W_p) \tag{3.45}$$

因此，

$$t_1 = fC_{ox}L^2(W_n + W_p)\left(\frac{a_n}{W_n} + \frac{a_p}{W_p}\right) = ft_{std} \tag{3.46}$$

其中，

$$t_{std} = C_{ox}L^2(W_n + W_p)\left(\frac{a_n}{W_n} + \frac{a_p}{W_p}\right) \tag{3.47}$$

第二级反相器的延迟 t_2 为：

$$t_2 = C_{L3}\left(\frac{L}{fW_n}a_n + \frac{L}{fW_p}a_p\right) \tag{3.48}$$

C_{L3} 是第 3 级反相器的输入栅电容:

$$C_{L3} = C_{ox}(L \times f^2 W_n + L \times f^2 W_p) = f^2 C_{ox} L(W_n + W_p) \tag{3.49}$$

因而有:

$$t_2 = f^2 C_{ox} L(W_n + W_p)\left(\frac{L}{fW_n}a_n + \frac{L}{fW_p}a_p\right) = ft_{std} \tag{3.50}$$

以此类推, 得第 $n-1$ 级反相器的延迟 t_{n-1} 为:

$$t_{n-1} = ft_{std} \tag{3.51}$$

如果令

$$C_L = f^n C_{ox} L(W_n + W_p) = f^n C_g \tag{3.52}$$

C_g 代表最前一级反相器的栅电容, 则第 n 级反相器的延迟 t_n 为:

$$t_n = f^n C_{ox} L(W_n + W_p)\left(\frac{L}{f^{n-1}W_n}a_n + \frac{L}{f^{n-1}W_p}a_p\right) = ft_{std} \tag{3.53}$$

整个反相器链产生的延迟时间 t_{total} 为:

$$t_{total} = t_1 + t_2 + \cdots + t_n = nft_{std} \tag{3.54}$$

由式 (3.52) 可知, 已知一个大的负载电容 C_L, 要设计驱动的反相器链, 有两种设计方法:

(1) 固定 f, 确定级数 N:

$$N = \frac{1}{\ln f}\ln\left(\frac{C_L}{C_g}\right) \tag{3.55}$$

显然, f 越大, N 就越小, 但 f 增大会使每一级的门延迟增大, 而 f 选为自然数 e 时, 反相器链的总延迟时间最小, 这时有:

$$N = \ln\left(\frac{C_L}{C_g}\right) \tag{3.56}$$

实际上, 很少用最小延迟时间作为设计的唯一标准, 一般可取 $f = 2 \sim 10$。

(2) 固定级数 N, 确定 f:

$$f = e^{\frac{1}{N}\ln\left(\frac{C_L}{C_g}\right)} \tag{3.57}$$

当 N 取得过大时, 往往会增加芯片面积, 因此要折中考虑。

表 3.2 给出了某 CMOS 工艺的典型电容值以及负载电容相对于标准参考反相器栅电容 C_g 的比值。

表 3.2　典型负载电容

负载电容类型	总电容 C_T 值	相对电容 C_T/C_g 值
标准参考反相器 (3μm×3μm)	0.0063pF	1
10 个标准参考反相器	0.063pF	10
4mm×4.5μm 金属线	0.45pF	71
标准输出焊盘 (100μm×100μm)	0.250pF	40
电极 (probe)	10pF	1587

　　由表 3.2 可见，长线的连线电容、焊盘以及芯片外部负载电容值可远大于标准反相器的栅电容，对于这类大电容负载，可采用本节介绍的反相器链方法。

　　【例 3.3】 假定用一个标准反相器直接驱动一个金属输出焊盘。已知标准输出焊盘的电容密度等于 0.25pF，尺寸为 100μm×100μm；又知标准反相器中 MOS 管的栅长均为 3μm，栅宽也为 3μm，$V_{tn}=1V$，$V_{tp}=-1V$，$\beta_n=45\mu A^2/V^2$，$\beta_p=15\mu A^2/V^2$，$V_{DD}=5V$，试计算该反相器直接驱动输出焊盘的延迟时间。

　　解： 由输出焊盘尺寸可计算焊盘的电容 C_{pad} 值为：

$$C_{pad}=0.25pF/\mu m^2 \times (100\times 100)\mu m^2 = 2500pF$$

由式（3.29）得上拉电阻 R_{up} 及上升时间 t_r：

$$R_{up}=\frac{2V_{DD}}{\beta_p(V_{DD}-|V_{tp}|)^2}=\frac{2\times 5}{15\mu A/V^2(5-1)^2}=41.7k\Omega$$

$$t_r=R_{up}C_{pad}=41.7k\Omega \times 2500pF=104ms$$

由式（3.25）得下拉电阻 R_{down} 及下降时间 t_f 为：

$$R_{down}=\frac{2V_{DD}}{\beta_n(V_{DD}-V_{tn})^2}=\frac{2\times 5}{45\mu A/V^2(5-1)^2}=13.9k\Omega$$

$$t_f=R_{down}C_{pad}=13.9k\Omega \times 2500pF=34.7ms$$

标准反相器直接驱动输出焊盘的门级延迟时间为：

$$t_{pad}=\frac{t_r+t_f}{4}=\frac{104+34.7}{4}=34.7(ms)$$

　　【例 3.4】 某环振电路探头（probe）直接与输出焊盘相连接，用反相器链电路驱动输出焊盘，若要使产生的延迟最小，试确定该反相器链的级数，并计算最小延迟时间；若用三级反相器链驱动该输出焊盘，试求几何放大因子 f 及反相器链的延迟时间。假设焊盘电容为 0.25pF，环振探头电容为 10pF。

　　解： 总的输出电容 C_{load} 相当于焊盘电容 C_{pad} 与环振探头电容 C_{probe} 的并联，即有：

$$C_{load}=C_{pad}+C_{probe}=0.25+10=10.25(pF)$$

若要获得最小的反相器链延迟时间，应取 $f=e$，则反相器的级数可得：

$$N=\ln\left(\frac{C_{load}}{C_g}\right)=\ln\left(\frac{10.25}{0.0063}\right)=7.39$$

取级数为整数，则得 $N=7$，假设第一级为标准反相器，而标准反相器驱动标准反相器所产生的延迟为 t_{std}，则 7 级逐级放大反相器链的延迟时间 t_7 为：

$$t_7=Nft_{std}=7\times 2.7\times t_{std}=19.02t_{std}$$

　　如果逐级放大反相器链的级数取 $N=3$，则几何放大因子 f 为：

$$f=e^{\frac{1}{N}\ln\left(\frac{C_{Load}}{C_g}\right)}=e^{\frac{1}{3}\ln\left(\frac{C_{Load}}{C_g}\right)}=11.7$$

这时，三级放大电路的延迟时间为：

$$t_3 = Nf t_{\text{std}} = 3 \times 11.7 \times t_{\text{std}} = 35.1 t_{\text{std}}$$

值得指出的是，t_3 只比 t_1 增加不到 1 倍的延迟，但可以节省芯片面积。

为了保证输入逻辑电平经过反相器链延迟后不变，反相器链的级数应为偶数，若级数为奇数，则可在第一级标准反相器之前再插入一个标准反相器。

【例 3.5】 某电路负载电容近似等于 $e^8 C_g$，C_g 为标准反相器栅电容。已知标准反相器的平均延迟时间 $\tau_{\text{av}} = 2\text{ns}$，试求：

（1）用标准反相器直接驱动负载电容的延迟时间。

（2）用逐级放大反相器链驱动负载电容的最小延迟时间。

解：（1）已知标准反相器平均延迟时间为：

$$\tau_{\text{av}} = \frac{t_r + t_f}{4} = \frac{R_N C_g + R_P C_g}{4} = 2\text{ns}$$

用标准反相器驱动负载电容的延迟时间 t_{load} 为：

$$t_{\text{load}} = \frac{R_N C_L + R_P C_L}{4} = e^8 \frac{R_N C_g + R_P C_g}{4} \approx 5.96 \times 10^3 \text{ns}$$

（2）$f = e$ 时，逐级放大反相器链驱动电路的延迟最小，反相器的级数 N 为：

$$N = \ln\left(\frac{C_{\text{load}}}{C_g}\right) = 8$$

用逐级放大反相器链驱动负载电容的最小延迟时间 t_{min} 为：

$$t_{\text{min}} = Nf \tau_{\text{av}} = 8 \times e \times 2\text{ns} = 43.3\text{ns}$$

由此可见，t_{min} 比 t_{load} 小两个数量级。

【例 3.6】某 1μm CMOS 工艺参数如下：多晶硅最小宽度为 1μm，有源区最小宽度为 2μm，栅氧化层厚度为 35nm，栅氧化层介电常数 $\varepsilon_0 \varepsilon_{\text{ox}}$ 为 $3.45 \times 10^{-13} \text{F/cm}$，$V_{\text{tn}} = -V_{\text{tp}} = 0.8\text{V}$，$V_{\text{DD}} = 3\text{V}$，$\mu_n = 500\text{cm}^2/\text{V} \cdot \text{s}$，$\mu_p = 200\text{cm}^2/\text{V} \cdot \text{s}$。设计一个反相器链驱动电路，见图 3.20，负载 $C_L = 1\text{pF}$，要求总延迟应小于 1ns，输出波形应对称，反相器第 1 级采用最小尺寸设计，问：

（1）第一级反相器的管子尺寸为多少？

（2）若每级放大倍数取 e，反相器链需用几级才可获得最小延迟？最小延迟为多少？

（3）将级数限为 3 级，反相器链的每级的放大倍数为多少？总延迟为多少？是否满足要求？

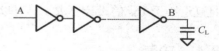

图 3.20　逐级放大驱动电路

解： $C_{\text{ox}} = \dfrac{\varepsilon_0 \varepsilon_{\text{ox}}}{D} = \dfrac{3.45 \times 10^{-13} \text{F/cm}}{35\text{nm}} = 9.85 \times 10^{-4} \text{pF/μm}^2$

（1）因要求第一级反相器采用最小尺寸，并具有对称性，则有：

$$L_n = L_p = 1\text{μm}, \quad W_{n1} = 2\text{μm}, \quad W_{p1} = (\mu_n / \mu_p) \times W_{n1} = 5\text{μm}。$$

（2）最小尺寸的第一级反相器的总栅电容为：

$$C_g = (1 \times 2 + 1 \times 5)\text{μm}^2 \times C_{\text{ox}} = 6.895 \times 10^{-3} \text{pF}$$

如果第一级反相器后再接一个同样大小的反相器，则第一级反相器的延时 t_{std} 计算如下：

$$\beta_{n1} = C_{ox}\mu_n \frac{W_n}{L_n} = 9.85\times10^{-4}\left(\frac{pF}{\mu m^2}\right)\times 500\times10^8 \frac{\mu m^2}{V\cdot s}\times\frac{2\mu m}{1\mu m}$$

$$= 9.85\times10^7 pF/V\cdot s$$

$$\beta_{p1} = C_{ox}\mu_p \frac{W_p}{L_p} = 9.85\times10^{-4}\left(\frac{pF}{\mu m^2}\right)\times 200\times10^8 \frac{\mu m^2}{V\cdot s}\times\frac{5\mu m}{1\mu m}$$

$$= 9.85\times10^7 pF/V\cdot s = \beta_{n1}$$

$$R_{n1} = \frac{2V_{DD}}{\beta_{n1}(V_{DD}-V_{tn})^2} = 12.58k\Omega, \quad R_{p1} = \frac{2V_{DD}}{\beta_p(V_{DD}-|V_{tp}|)^2} = R_{n1}$$

$$t_{std} = \frac{t_r+t_f}{4} = \frac{C_g(R_{n1}+R_{p1})}{4}$$

$$= \frac{6.895\times10^{-3}pF\times(2\times12.58k\Omega)}{4} = 43.37ps$$

已知每级放大倍数为：

$$f = e = 2.7183$$

则放大器链级数为：

$$N = \ln(C_L/C_g) = 4.98$$

取整数 5，则整个反相器链产生的总延迟为：

$$t_{total} = 5\times e\times t_{std} = 589ps = 0.589ns$$

（3）若取放大级数 $N=3$，则每级的放大倍数为：

$$f = e^{\frac{1}{N}\ln(C_L/C_g)} = e^{\frac{1}{3}\ln\left(\frac{1}{6.895\times10^{-3}}\right)} = 5.254$$

整个反相器链产生的总延迟为：

$$t_{total} = 3\times5.25\times43.37ps = 683.59ps = 0.68359ns$$

由此可见，尽管与最小延迟相比，级数为 3 时的反相器链的总延迟有所增加，但仍然满足延迟小于 1ns 的设计要求，且可以节省芯片面积。

3.4　功耗

VLSI 内部有大量的电路和元件，芯片总功耗等于各个电路及元件的功耗之和，芯片设计时考虑功耗的主要原因，一是功耗的上升会导致电迁移率的增加。所谓电迁移是由于电流通过导体所引起的金属原子沿电流方向定向迁移，进而使电路失效的一种物理现象。当电流过大时，若导线中恰好有一处狭窄区，则该处电流密度会更大，甚至导致开路现象的发生；二是功耗过大也会增加散热成本，因为电路的性能与温度密切相关。另外，为了延长嵌入式设备的使用时间，也需要降低芯片的功耗。减小各级门电路功耗是降低芯片功耗的一个有效方法，但会增大门电路的延迟，对芯片速度产生影响，因此设计时要对速度和功耗综合考虑。

3.4.1　金属导线宽度的确定

在集成电路内部，导线都极为细小，若导线中电流过大，极易导致导线因过热而烧断。为了避免金属导线的烧断，必须确保导线的电流密度限制在安全线以下。在版图设计中，需要确定导线的宽度，如果电路设计给出的一条导线的最大工作电流为 I_{max}，而工艺的设计规则规定的导线（如铝、多晶硅）电流密度为 J，则该条线的最小线宽 W_{min} 应为：

$$W_{min} = \frac{I_{max}}{J} \tag{3.58}$$

设计时线宽应适当放宽一点，如取 $1.2W_{min}$ 等，这样导线中实际的电流密度为：

$$\frac{I_{max}}{1.2W_{min}} = 0.83J < J$$

这样，导线最大的工作电流密度不会超过工艺规定的电流密度，可保证导线的安全。

表 2.3 给出的是某 $3\mu m$ CMOS 工艺的设计规则表，金属铝的最大电流密度 $J = 0.8mA/\mu m$。

3.4.2　CMOS 功耗

CMOS 电路功耗由两部分构成：

（1）静态功耗：由反向漏电流造成的功耗。

（2）动态功耗：由 CMOS 开关的瞬态电流和电容负载的充放电造成的功耗。

CMOS 门电路在静态工作条件下，PMOS 管和 NMOS 管只有一个导通。由于没有电源到地的直流通路，因此 CMOS 的静态功耗应等于零。但是，由于扩散区和衬底之间的 PN 结上存在反向泄漏电流，电源到地有很小的漏电电流，并产生很小的静态功耗，一般在室温条件下，每个门的反向漏电流为 $0.1 \sim 0.5nA$。

假设芯片中门的个数为 n，第 i 个门的反向漏电流为 I_i，V_{DD} 为电源电压，则芯片总的静态功耗 P_s 为：

$$P_s = \sum_{i=1}^{n} I_i \times V_{DD} \tag{3.59}$$

图 3.21 给出了反相器在输入信号为方波信号时各个电信号的时序情况，假设电路在工作前电容没有存储电荷，电容两端的电压为零，输入信号 V_i 是方波信号，周期为 T，反相器输出信号的过渡时间小于 $T/2$。

在图 3.21 中，当输入 V_i 出现"1"→"0"变化时，NMOS 管截止，PMOS 管导通，从电源流出的电流经过 PMOS 管给电容充电，当电容充电至 V_{DD} 时，电流为 0，这期间，$i_{supply} = i_p = i_c$。

在图 3.21 中，当输入 V_i 出现"0"→"1"的变化时，PMOS 管截止，NMOS 管导通，动态电流从电容经过 NMOS 管流到地，当电容放电至 0V 时，电流为 0，这期间，$i_{supply} = 0$，$i_n = -i_c$。

由图 3.21(b)可见，在周期 T 内，电源消耗的能量为 $E_{V_{DD}}$：

$$E_{V_{DD}} = \int_0^T i_{supply} V_{DD} dt = V_{DD} \int_0^T C_L \frac{dV_o}{dt} dt = C_L V_{DD} \int_0^{V_{DD}} dV_o = C_L V_{DD}^2 \tag{3.60}$$

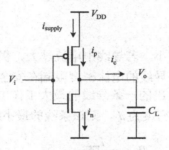

(a)反相器动态电流

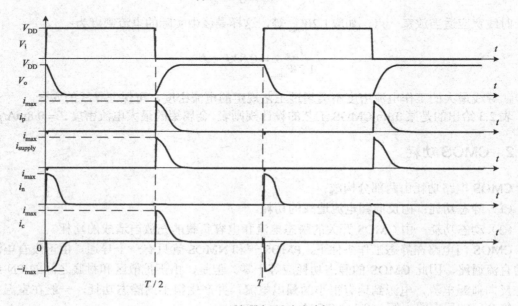

(b)反相器电压和电流时序

图 3.21 确定反相器功耗的波形

在前 $T/2$ 周期内，负载电容充电所吸收的能量 E_1 为：

$$E_1 = C_L \frac{(V_{o1}^2 - V_{o0}^2)}{2} = C_L \frac{(V_{DD}^2 - 0)}{2} = \frac{1}{2} C_L V_{DD}^2 = \frac{1}{2} E_{V_{DD}} \qquad (3.61)$$

同时，$E_{V_{DD}}$ 的另一半被 PMOS 管的内阻所消耗。

在后 $T/2$ 周期内，负载电容放电所释放的能量 E_2 为：

$$E_2 = C_L \frac{(V_{o2}^2 - V_{o1}^2)}{2} = C_L \frac{(0^2 - V_{DD}^2)}{2} = -\frac{1}{2} C_L V_{DD}^2 = -E_1 \qquad (3.62)$$

这个释放的能量被 NMOS 管的内阻所消耗。

由图 3.21 可见，在一个周期内，电路内部产生的动态功耗为：

$$P_d = \frac{C_L V_{DD}^2}{T} = C_L V_{DD}^2 f \qquad (3.63)$$

这里的功耗与电路结构无关，只与信号频率 f 和负载有关。

总的功耗 P_T 等于静态功耗和动态功耗之和，即：

$$P_T = P_s + P_d \qquad\qquad (3.64)$$

动态功耗可用来估算电路的总功耗以及导线的尺寸。

【例 3.7】 有一个含 300 个 CMOS 反相器的系统，工作在 20MHz 频率和 $V_{DD} = 5V$ 电源下，试计算每级门的功耗和平均电流。若导线的最大电流密度 $J = 0.8\text{mA/μm}$，试求电源和地线的宽度。（假定 CMOS 反相器负载电容为 0.2pF，PN 结反向漏电流为 0.1nA。）

解： 每级门静态功耗 P_s 为：

$$P_s = 0.1 \times 10^{-9} \times 5 = 5 \times 10^{-10} (\text{W})$$

每级门动态功耗 P_d 为：

$$P_d = C_L V_{DD}^2 f = 0.2 \times 10^{-12} \times 20 \times 10^6 \times 5^2 = 1 \times 10^{-4} (\text{W})$$

每级门总功耗 P_t 为：

$$P_t = P_s + P_d \approx 1 \times 10^{-4} (\text{W})$$

每级平均充放电电流 I_c 为：

$$I_c = \frac{P_t}{V_{DD}} = 2 \times 10^{-5} (\text{A})$$

对于 300 个反相器构成的系统，系统总功耗 P_T 为：

$$P_T = N(P_s + P_d) = 300 \times (5 \times 10^{-10} + 1 \times 10^{-4})$$
$$= 3 \times 10^{-2} (\text{W})$$

假定 300 个反相器全部连接在 V_{DD} 和地之间，则总的平均充放电电流 I_T 为：

$$I_T = \frac{P_T}{V_{DD}} = \frac{3 \times 10^{-2}}{5} = 6 \times 10^{-3} (\text{A})$$

由电流密度 $J < 0.8\text{mA/μm}$，得：

$$\frac{I_T}{W} < 0.8\text{mA/μm}$$

即

$$W > 7.5\text{μm}$$

设计中可取电源和地线宽度为 8μm。

习题

3.1　某 1μm CMOS 工艺参数为：$t_{ox} = 35\text{nm}$，$\mu_n = 500\text{cm}^2/\text{Vs}$，$\mu_p = 200\text{cm}^2/\text{V·s}$，$V_{tn} = -V_{tp} = 0.8\text{V}$，晶体管最小栅宽 $W_{min} = 3\text{μm}$，电源电压 $V_{DD} = 3\text{V}$，栅氧化层介电常数 $\varepsilon_0 \varepsilon_{ox} = 3.45 \times 10^{-13} \text{F/cm}$。

（1）试求最小尺寸 NMOS 管的栅电容和增益因子 β_n。

（2）PMOS 管几何尺寸为多少才能获得与 NMOS 管相同的增益因子？

（3）CMOS 反相器的负载为相同尺寸的反相器时，反相器的门延迟时间是多少？计算中只考虑栅电容负载的影响。

（4）若反相器的输出端接有 4 个相同尺寸的反相器，问该反相器的门延迟时间是多少？

（5）若该 CMOS 反相器的输出端接了一个 60fF 的电容，在 20MHz 工作频率下电路的功耗是多少？

3.2 已知 $\mu_n = 600\text{cm}^2/\text{V}\cdot\text{s}$，$\mu_p = 220\text{cm}^2/\text{V}\cdot\text{s}$，$W_n/L_n = 3$，为使 CMOS 反相器的上升延迟和下降延迟相等，求 PMOS 管的宽长比 W_p/L_p。

3.3 在图 3.22 中，反相器内管子的栅长和栅宽相同，已知 $C_{ox} = 1\text{fF}/\mu\text{m}^2$，$C_L = 10\text{fF}$，第 1、2 和 3 级反相器中管子的栅长分别为 $2\mu\text{m}$、$4\mu\text{m}$ 和 $6\mu\text{m}$，N 管和 P 管工作在饱和区的等效电阻分别为 $R_N = 2\text{k}\Omega$ 和 $R_p = 5\text{k}\Omega$，求 A 到 B 的延迟时间。

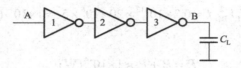

图 3.22

3.4 假设某电路的负载等价于 500 个标准反相器，且标准反相器的本征门延迟时间为 t_{std}，试计算：

（1）用标准反相器直接驱动负载的延迟时间 t_{dir}。

（2）用优化设计的逐级放大反相器链驱动负载的延迟时间 t_{min}，并给出放大器的级数 N。

（3）用两级放大反相器驱动负载的延迟时间。

3.5 某 CMOS 微处理器有 40 万支晶体管，工作在 20MHz 频率下，工作电压为 5V。假设该微处理器是由 5 个晶体管组成的基本门实现的，每个基本门的负载为 0.1pF，试计算该芯片的动态功耗。这种计算方法是否正确？如果不正确，试提出改正方案。

3.6 估算图 3.23(a)中信号从 A 到 B 的延迟。多晶硅材料的面电容值为 $0.034\text{fF}/\mu\text{m}^2$、边电容值为 $0.092\text{fF}/\mu\text{m}$、方块电阻为 $7.2\Omega/$方块，忽略金属导线的影响。

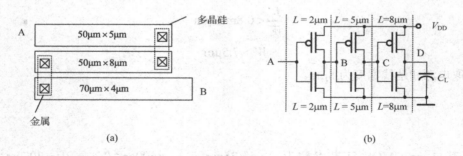

图 3.23

3.7 在图 3.23(b)中，管子的宽长比为 2，$C_{ox} = 0.67\text{fF}/\mu\text{m}^2$，$C_L = 7.63\text{fF}$，图 3.23(b)中标注了管子的栅长，N 管和 P 管工作在饱和区的等效电阻分别为 $R_N = 1.9\text{k}\Omega$ 和 $R_p = 5.1\text{k}\Omega$，求 A 到 D 的延迟时间。

第 4 章　CMOS 数字集成电路常用基本电路

本章介绍数字集成电路的一些常见基本电路及其主要特点。

4.1　组合逻辑

组合逻辑电路是实现布尔运算的电路，它是数字系统的基本构造模块之一，下面简单介绍几种常见的组合电路。

4.1.1　CMOS 组合逻辑的一般结构

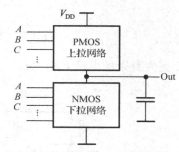

CMOS 组合逻辑电路的一般结构见图 4.1。

CMOS 组合逻辑电路一般由 1 个 NMOS 下拉网络和 1 个 PMOS 上拉网络串联而成，中间引出输出端，网络构成的基本原则是确保 NMOS 下拉网络和 PMOS 上拉网络不同时导通，从而确保从 V_{DD} 到地没有静态直流通路，使电路的静态功耗为零。

图 4.1　CMOS 组合逻辑电路的一般结构

最简单的组合逻辑电路是 CMOS 反相器，见图 4.2。

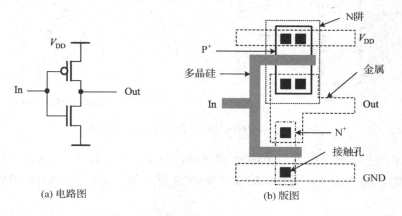

(a) 电路图　　　　　　　　(b) 版图

图 4.2　CMOS 反相器

图 4.2 所示的 CMOS 反相器是图 4.1 结构的具体实例，CMOS 反相器的 NMOS 下拉网络只有 1 个 NMOS 管、PMOS 上拉网络只有 1 个 PMOS 管，两管的栅极全接至输入端 In，两管串联后从中间引出信号至输出端 Out。

PMOS 上拉网络与 NMOS 下拉网络在拓扑结构上有对偶关系，如上拉网络中的并联对应着下拉网络中的串联，上拉网络中的串联对应着下拉网络中的并联，见下例。

图 4.3 的电路分为两部分，上半部分由 3 个 PMOS 管并联而成，下半部分由 3 个 NMOS 管串联而成，当输入 A、B、C 均为高电平时，3 个 NMOS 管均导通，输出 Out 为零，输入 A、B、C 中只要有一个为低电平，则下半部分不导通，输出 Out 为高电平，不难验证图 4.3 中的电路是三输入"与非"门。

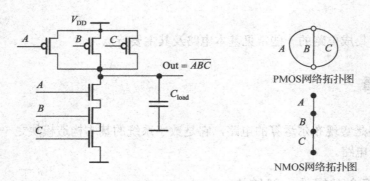

图 4.3　CMOS 三输入"与非"门及其内在对偶关系

更为复杂的电路见图 4.4。

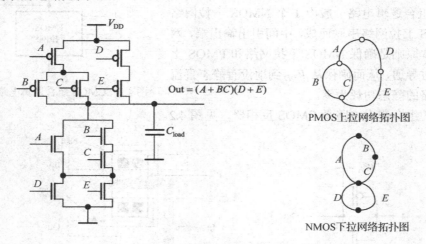

图 4.4　复杂 CMOS 逻辑门及其内在对偶关系

在图 4.4 中，上半部分由 5 个 PMOS 管组成，分为两组，输入 A、B、C 所对应的 3 个 PMOS 管为一组，输入 D、E 所对应的 2 个 PMOS 管为另一组，这两组在 PMOS 上拉网络中是并联关系。

图 4.4 中的下半部分由 5 个 NMOS 管组成，同样分为两组，输入 A、B、C 所对应的 3 个 NMOS 管为一组，输入 D、E 所对应的两个 NMOS 管为另一组，这两组在 NMOS 下拉网络中是串联关系，这同样反应了对偶关系。

【例 4.1】　画出图 4.5(a) 的电路原理图，其中 $a \sim e$ 是输入，f 是输出。

解:　在图 4.5(a) 中，电路版图分成上下两部分，上部为 PMOS 逻辑部分，下部为 NMOS 逻辑部分。显然，上、下两部分存在对偶关系，电路原理见图 4.5(b)。

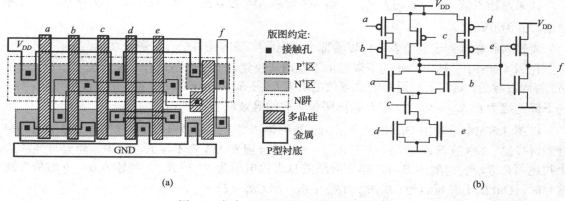

图 4.5　复杂 CMOS 逻辑门及其版图实例

4.1.2　CMOS 组合逻辑的几种基本门

1．与非门

图 4.6 给出了两输入 CMOS 与非门的电路和版图的基本结构，图中电路由两个串联的 NMOS 管和两个并联的 PMOS 管构成，电路拓扑结构符合对偶关系。

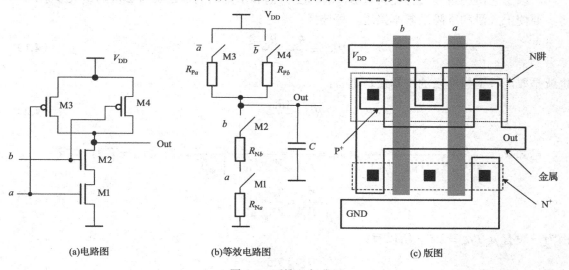

图 4.6　两输入与非门

图 4.6(b)为与非门的简化等效电路，每个管子由开关和源漏等效电阻组成。

图 4.6(c)为与非门的版图结构，采用的是 N 阱工艺，衬底为 P 型硅，两个 NMOS 管建在衬底上，两个 PMOS 建在同一个 N 阱中，版图中省略了衬底极。

下面分析 CMOS 与非门的工作原理。

如果输入信号 a、b 均为 0V，则串联的 NMOS 管 M1 和 M2 均截止，而并联的 PMOS 管 M3 和 M4 导通，结果使输出 Out 为 V_{DD}。

如果只有一个输入信号为 0V，例如 $a = 0$V，则 M1 管截止，M3 管导通，这时输出 Out 仍为 V_{DD}。

如果两输入信号 a、b 均为 V_{DD}，则 M3 管和 M4 管截止，而 M1 管和 M2 管导通，这时输出 Out 为 0V。

将输入和输出列出真值表，可以验证上述电路实现的确实是与非逻辑功能。

在图 4.6(b)中，输出 Out 的下降沿由下拉网络决定，下拉通路只有 1 种可能，即 M1 管和 M2 管同时导通，这时下拉通路的总等效电阻为 $R_{Na} + R_{Nb}$，当输入 a、b 均是方波信号时，Out 的下降延迟为 $C(R_{Na} + R_{Nb})$，C 是输出所带负载的等效电容。

在图 4.6(b)中，输出 Out 的上升沿由上拉网络决定，上拉通路有 3 种可能：M3 管和 M4 管同时导通、M3 管导通而 M4 管不导通、M4 管导通而 M3 管不导通，其中，两管导通的总上拉电阻为 $R_{Pa}R_{Pb}/(R_{Pa}+R_{Pb})$，单管导通的总上拉电阻为 R_{Pa} 或 R_{Pb}，当输入 a、b 均是方波信号时，Out 的上升延迟为 $CR_{Pa}R_{Pb}/(R_{Pa}+R_{Pb})$、$CR_{Pa}$ 或 CR_{Pb}。

与非门有多个输入端，电路的传输特性与输入信号有关，不可能得到完全对称的电学特性，在设计时，两个 PMOS 管取相同的尺寸，则 $R_{Pa} = R_{Pb} = R_P$，两个 NMOS 管也取相同的尺寸，则 $R_{Na} = R_{Nb} = R_N$，这样，上拉电阻就有两种情况：$R_P/2$ 和 R_P，下拉电阻为 $2R_N$。为了尽量提高电路的速度，4 个 MOS 管的栅长均取设计规则规定的最小值 L_{min}。

如果选 $2R_N = R_P/2$，则 Out 的上升延迟就有可能比下降延迟多一倍。

如果选 $2R_N = R_P$，则 Out 的下降延迟就有可能比上升延迟多一倍。

所以上述两种设计选择无论选哪一种，上升沿和下降沿的延迟都有 2 倍的最大差别。

要使上升沿和下降沿基本接近，可选：

$$2R_N = \frac{R_P + R_P/2}{2} \tag{4.1}$$

也就是取两种上拉电阻的平均值，则有：

$$R_N = \frac{3R_P}{8} \tag{4.2}$$

已知 $R_N = \dfrac{L_{min}}{\mu_n C_{ox} W_n} \dfrac{2V_{DD}}{(V_{DD} - V_{tn})^2}$，$R_P = \dfrac{L_{min}}{\mu_p C_{ox} W_p} \dfrac{2V_{DD}}{(V_{DD} - |V_{tp}|)^2}$，假设 $V_{tn} = |V_{tp}|$，则得：

$$\frac{W_p}{W_n} = \frac{3\mu_n}{8\mu_p} \tag{4.3}$$

因为一般有 $\mu_n/\mu_p = 2.5$，所以有：

$$\frac{W_p}{W_n} = \frac{7.5}{8} \tag{4.4}$$

由式（4.4）可知，只要 PMOS 管和 NMOS 管的宽度基本接近，输出特性的上升沿和下降沿就可实现基本对称，这样，W_p 和 W_n 只要按最小值取即可，即 $W_p = W_{min}$，$W_n = 1.06W_{min}$。

由上述讨论得知，与非门只要设计得当，就可得到基本对称的电学特性，由于管子的尺寸基本都取最小值，所以与非门芯片的面积较小。

2. 或非门

图 4.7 给出了两输入 CMOS 或非门的电路和版图的基本结构，图中电路由两个并联的 NMOS 管和两个串联的 PMOS 管构成，整个电路的拓扑结构符合对偶关系。

图 4.7(b)为或非门简化的等效电路，每个管子由 1 个开关和源漏等效电阻组成。

图 4.7(c)为或非门的版图结构，采用的是 N 阱工艺，衬底为 P 型硅，两个 NMOS 管建在衬底上，两个 PMOS 建在同一个 N 阱中，版图中省略了衬底极。

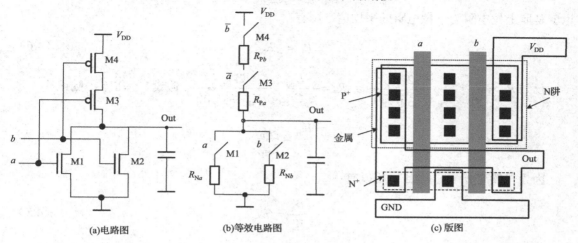

图 4.7　两输入或非门

下面分析 CMOS 或非门的工作原理。

如果输入信号 a、b 均为 0V，则并联的 NMOS 管 M1 和 M2 均截止，而串联的 PMOS 管 M3 和 M4 导通，结果使输出 Out 为 V_{DD}。

如果只有一个输入信号为 V_{DD}，例如 $a = V_{DD}$，$b = 0V$，则 M1 管导通，M3 管截止，这时输出 Out 为 0V。

如果两输入信号 a、b 均为 V_{DD}，则 M3 管和 M4 管截止，而 M1 管和 M2 管导通，这时输出电压为 0V。

因此上述电路可实现或非门的逻辑功能。

在图 4.7(b)中，输出 Out 的下降沿由下拉网络决定，下拉通路有 3 种可能，即 M1 管和 M2 管同时导通、M1 管导通而 M2 截止、M1 管截止而 M2 导通，这 3 种情况的下拉总电阻为 $R_{Na}R_{Nb}/(R_{Na}+R_{Nb})$、$R_{Na}$ 或 R_{Nb}。当输入 a、b 均是方波信号时，Out 的下降延迟为 $CR_{Na}R_{Nb}/(R_{Na}+R_{Nb})$、$CR_{Na}$ 或 CR_{Nb}，C 是输出所带负载的等效电容。

在图 4.7(b)中，输出 Out 的上升沿由上拉网络决定，上拉通路只有 1 种可能：M3 管和 M4 管同时导通。两管导通的总上拉电阻为 $R_{Pa}+R_{Pb}$，当输入 a、b 均是方波信号时，Out 的上升延迟为 $C(R_{Pa}+R_{Pb})$。

同样，或非门有多个输入端，也不可能得到完全对称的电学特性。

在设计时，两个 PMOS 管取相同的尺寸，则 $R_{Pa}=R_{Pb}=R_P$，两个 NMOS 管也取相同的尺寸，则 $R_{Na}=R_{Nb}=R_N$。这样，上拉电阻就有一种情况：$2R_P$；下拉电阻有两种情况：R_N 和 $R_N/2$。同样，4 个 MOS 管的栅长均取设计规则规定的最小值 L_{min}。

如果选 $2R_P=R_N/2$，则 Out 的下降延迟就有可能比上升延迟多一倍。如果选 $2R_P=R_N$，则 Out 的上升延迟就有可能比下降延迟多一倍。这两种选择无论选哪一种，上升沿和下降沿的延迟都有 2 倍的最大差别。

要使上升沿和下降沿基本接近，可选择：

$$2R_{\mathrm{P}} = \frac{R_{\mathrm{N}} + R_{\mathrm{N}}/2}{2} \tag{4.5}$$

也就是取上拉电阻为下拉电阻的平均值，则有：

$$R_{\mathrm{P}} = \frac{3}{8}R_{\mathrm{N}} \tag{4.6}$$

已知 $R_{\mathrm{N}} = \dfrac{L_{\min}}{\mu_{\mathrm{n}} C_{\mathrm{ox}} W_{\mathrm{n}}} \dfrac{2V_{\mathrm{DD}}}{(V_{\mathrm{DD}} - V_{\mathrm{tn}})^2}$，　$R_{\mathrm{P}} = \dfrac{L_{\min}}{\mu_{\mathrm{p}} C_{\mathrm{ox}} W_{\mathrm{p}}} \dfrac{2V_{\mathrm{DD}}}{(V_{\mathrm{DD}} - |V_{\mathrm{tp}}|)^2}$，假设 $V_{\mathrm{tn}} = |V_{\mathrm{tp}}|$，则得：

$$\frac{W_{\mathrm{p}}}{W_{\mathrm{n}}} = \frac{8\mu_{\mathrm{n}}}{3\mu_{\mathrm{p}}} \tag{4.7}$$

因为一般有 $\mu_{\mathrm{n}}/\mu_{\mathrm{p}} = 2.5$，所以有：

$$\frac{W_{\mathrm{p}}}{W_{\mathrm{n}}} = 6.7 \tag{4.8}$$

由式(4.8)可知，为了获得基本对称的输出特性的上升沿和下降沿，PMOS 管的栅宽应为 NMOS 管栅宽的 6.7 倍，W_{n} 按最小值取：$W_{\mathrm{n}} = W_{\min}$，$W_{\mathrm{p}}$ 取为 $W_{\mathrm{p}} = 6.7W_{\min}$。由此可见，在相同输入信号数的前提下，或非门版图的面积比与非门的要大，或非门版图不是最小面积版图，见图 4.7(c)。

3. 半加器

半加器是常用的组合逻辑电路之一，用半加器可以构造全加器，以实现带进位的加运算，半加器基本逻辑式为：

$$S = A \oplus B \tag{4.9}$$

$$C = AB \tag{4.10}$$

在式（4.9）和式（4.10）中，A 和 B 是半加运算的两个操作数，S 是半加运算的和，C 是半加运算产生的进位，式（4.9）和式（4.10）只涉及两个基本逻辑运算：与和异或。半加器的逻辑实现和符号见图 4.8。

先讨论式（4.10）求 C 的实现方法，可利用前面介绍的与非门和反相器来构造电路，见图 4.9。

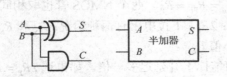

图 4.8　一位半加器的逻辑电路图和符号

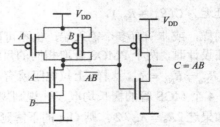

图 4.9　计算 C 的 MOS 管电路图

再讨论式（4.9）求 C_{load} 的实现方法，为了避免直接做异或运算，需对式（4.9）进行变换，并利用 C 的结果来求 S，这样可节省实现所需管子的数目：

$$S = A \oplus B = A\overline{B} + \overline{A}B = \overline{\overline{A\overline{B} + \overline{A}B}} = \overline{\overline{A\overline{B}} \cdot \overline{\overline{A}B}}$$

$$= \overline{(\overline{A}+B)\cdot(A+\overline{B})} = \overline{\overline{AB} + \overline{(A+B)}} = \overline{AB} \cdot (A+B) \qquad (4.11)$$

$$= \overline{X(A+B)}$$

$$X = \overline{AB} = \overline{C} \qquad (4.12)$$

计算 S 的 MOS 管电路可根据组合电路的对偶关系来构造，见图 4.10。整个半加器的 MOS 管电路见图 4.11。

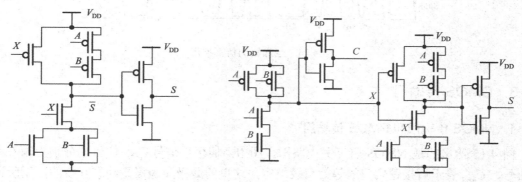

图 4.10　计算 S 的 MOS 管电路图　　　　　　图 4.11　半加器 MOS 管电路图

在图 4.11 中，左边的电路计算 C，并把结果提供给求 S 的电路，可减少管子的数目。CMOS 组合逻辑的对偶结构也便于版图的设计，半加器电路的版图见图 4.12，图中，管子是按最小尺寸设计的。

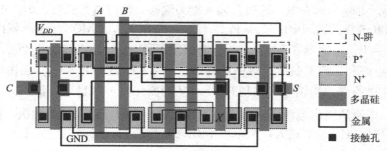

图 4.12　半加器的电路版图

图 4.13 是用 2 个半加器实现 1 位全加运算的电路图。

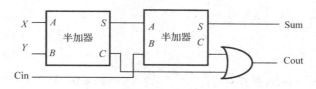

图 4.13　实现 1 位全加运算的电路图

图 4.14 给出了图 4.13 所示电路的仿真结果，电路采用 0.13μm CMOS 工艺实现，NMOS 管和 PMOS 管的开启电压分别为 0.5V 和 0.7V，工作电压为 2.5V，NMOS 管和 PMOS 管的尺寸取：$L_n - L_p = 0.13μm$，$W_n = 2μm$，$W_p = 5μm$，输出负载为 100fF，仿真结果符合全加器的特性。

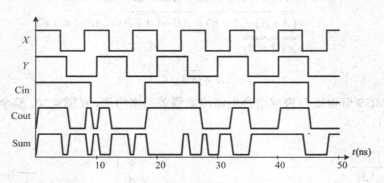

图 4.14　全加器的仿真波形

4.1.3　CMOS 传输门

1. NMOS 传输门和 PMOS 传输门

图 4.15 给出的是 NMOS 管开关电路图，图中，栅极接信号 V_c，V_i 和 V_o 分别为输入和输出信号，C_{load} 表示后接逻辑门的等效负载电容，这里的漏极和源极是动态互换的，无所谓哪个极是源极和漏极，当 $V_c = 0V$ 时，NMOS 管截止，开关是断开的，下面讨论 NMOS 管导通，即 $V_c = V_{DD}$ 的情形。

假设电路在工作前负载电容中没有电荷存储，即 $V_o = 0V$。当 $V_c = V_{DD}$ 时，开关具备导通条件，当输入 V_i 出现 $0V \to V_{DD}$ 的变化时，换言之，输入为逻辑"1"时，NMOS 管导通，电流从输入端流向输出端，并给电容充电，这时，输入端为漏极，输出端为源极，但当电容的电压充至 $V_{DD} - V_{tn}$ 时，NMOS 管的栅源电压 $V_{GS} = V_{DD} - (V_{DD} - V_{tn}) = V_{tn}$，NMOS 管进入截止状态，这时，虽然 V_i 继续升高到 V_{DD}，但电容充到 $V_{DD} - V_{tn}$ 时就停止充电了，所以输出 V_o 不可能达到 V_{DD}。

同样，假设电路在工作前负载电容中已存储了电荷 CV_{DD}，即 $V_o = V_{DD}$。当栅极信号 $V_c = V_{DD}$ 时，开关具备导通条件，当输入 V_i 出现 $V_{DD} \to 0V$ 的变化时，换言之，输入为逻辑"0"时，NMOS 管导通，电流从输出端流向输入端，电容放电，这时，输入端为源极，输出端为漏极，在电容放电过程中，V_{GS} 越来越大，NMOS 管始终是导通的，电容可以放电到 $V_o = 0V$。

所以采用 NMOS 管作开关，可以完整地传输"0"信号，但不能完整地传输"1"信号。

图 4.16 给出的是 PMOS 管开关电路图。当 $V_c = V_{DD}$ 时，PMOS 管截止，开关是断开的，下面主要讨论 PMOS 管导通（即 $V_c = 0V$）的情形。

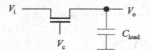

图 4.15　NMOS 管开关

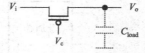

图 4.16　PMOS 管开关

假设电路在工作前负载电容中没有任何电荷存储，即 $V_o = 0V$。当栅极信号 $V_c = 0V$ 时，开关具备导通条件，当输入 V_i 出现 $0V \rightarrow V_{DD}$ 的变化时，换言之，输入为逻辑"1"时，PMOS 管导通，电流从输入端流向输出端，并给电容充电。这时，输入端为源极，输出端为漏极，$V_{GS} < 0$ 且 V_{GS} 越来越小，PMOS 管始终是导通的，电容可以充电至 V_{DD}。

同样，假设电路在工作前负载电容中已存储了电荷 CV_{DD}，即 $V_o = V_{DD}$。当栅极信号 $V_c = 0V$ 时，开关具备导通条件，当输入 V_i 出现 $V_{DD} \rightarrow 0V$ 的变化时，即输入为逻辑"0"时，PMOS 管导通，电流从输出端流向输入端，电容放电，这时，输入端为漏极，输出端为源极，在电容放电过程中，V_{GS} 越来越大，当输入 V_i 降低到 $|V_{tp}|$ 时，PMOS 管的栅源电压 $V_{GS} = 0V - |V_{tp}| = -|V_{tp}|$，PMOS 管进入截止状态，这时，虽然 V_i 继续降低到 0V，但电容放到 $|V_{tn}|$ 时就停止放电了，所以输出 V_o 不可能达到 0V，而是终止在 $|V_{tn}|$。

所以采用 PMOS 管作开关，可以完整地传输"1"信号，但不能完整地传输"0"信号。

NMOS 管开关的用途有许多，如总线技术中常用的多路选择器、桶形移位器等就可用 NMOS 传输管来实现。

图 4.17 是一个总线多路选择器电路，该多路选择器能将 B0～B3 中的任何一个位线连到 D0～D3 的任一位线上去，需要用 16 根控制线 S00～S33。

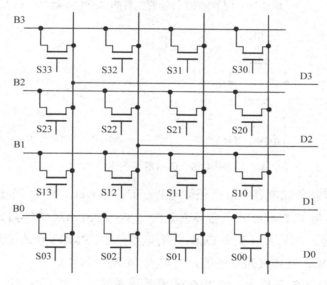

图 4.17　用 NMOS 传输管实现的总线多路选择器

图 4.18 是一个桶形移位器，只需要 4 根控制线 $S0 \sim S3$ 就可实现需要的移位方式。例如，令 $S0 = S1 = S3 = 0V$、$S_2 = V_{DD}$，就可实现 $B0 \rightarrow D2$、$B1 \rightarrow D3$、$B2 \rightarrow D4$、$B3 \rightarrow D5$ 的移位。

2. CMOS 传输门

将一个 NMOS 管开关和一个 PMOS 管开关并联起来，就可构成一个 CMOS 开关，见图 4.19。

图 4.19 的电路可以弥补 NMOS 管开关和 PMOS 管开关的不足，CMOS 开关可以完整地传输"0"信号和"1"信号，所以 CMOS 开关是一个理想开关，开关中 NMOS 管和 PMOS 管的栅极所接控制信号为互补信号。

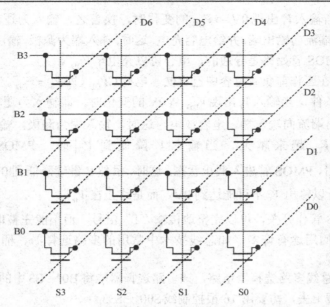

图 4.18　用 NMOS 传输管实现的桶形移位器

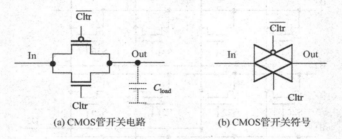

(a) CMOS管开关电路　　　(b) CMOS管开关符号

图 4.19　CMOS 管开关

假设电路在工作前负载电容中没有任何电荷存储，即 Out = 0V。当栅极信号 Cltr = V_{DD}、$\overline{\text{Cltr}}$ = 0V 时，NMOS 管和 PMOS 管具备导通条件，当输入 In 出现 0V → V_{DD} 的变化时，NMOS 管和 PMOS 管均导通，电流从 In 流向 Out，并给电容充电，PMOS 管的栅源电压 V_{GS}^p 有 $V_{GS}^p < 0$ 且 V_{GS}^p 越来越小，PMOS 管始终是导通的，当输入 In 增加到 $V_{DD} - V_{tn}$ 时，NMOS 管的栅源电压 V_{GS}^n 有 $V_{GS}^n = V_{tn}$，NMOS 管截止，但 PMOS 管是导通的，电容可以继续充电，当输入 In 增加到 V_{DD} 时，电容可以充电至 V_{DD}。

假设电路在工作前负载电容中已存储了电荷 CV_{DD}，即 Out = V_{DD}。当栅极信号 Cltr = 1、$\overline{\text{Cltr}}$ = 0 时，NMOS 管和 PMOS 管具备导通条件，当输入 In 出现 V_{DD} → 0V 的变化时，NMOS 管和 PMOS 管均导通，电流从输出端流向输入端，电容放电。在电容放电过程中，PMOS 管的栅源电压 V_{GS}^p 越来越大，当输入 In 降低到 $|V_{tp}|$ 时，$V_{GS}^p = 0V - |V_{tp}| = -|V_{tp}|$，PMOS 管进入截止状态，而 NMOS 管仍然是导通的，NMOS 管的栅源电压 V_{GS}^n 越来越大，当 In 继续降低到 0V 时，电容可以继续放电到 0V。

所以采用 CMOS 管作开关，可以完整地传输"1"信号和"0"信号。

由于 MOS 管的源漏是对称的、可互换的，所以 NMOS 管开关、PMOS 管开关和 CMOS

管开关均是双向的，CMOS 管开关的符号见图 4.19(b)。

需要指出的是，CMOS 管开关虽然性能好，但芯片面积相对较大，所以，如果对信号传输要求不高的话，也可以使用 NMOS 管开关，这样可节省芯片面积。

3. CMOS 传输门逻辑

传输管也可以实现组合逻辑电路。例如，有一个 4 选 1 的多路选择器，其逻辑表达式为：

$$F = P_1 AB + P_2 A\bar{B} + P_3 \bar{A}B + P_4 \bar{A}\bar{B} \tag{4.13}$$

式（4.13）若采用静态 CMOS 门来实现，则需要 4 个 3 输入与门和 1 个 4 输入或门，需要的 MOS 管数如下：

（1）4 个 3 输入与门，需 4 个 3 输入与非门和 4 个反相器，共计 32 个 MOS 管；

（2）1 个 4 输入或门，需 1 个 4 输入或非门和 1 个反相器，共计 10 个 MOS 管。

两项加起来共需 42 个 MOS 管。

而采用 NMOS 传输管逻辑，只需 8 个 MOS 管即可，且可简化版图设计，见图 4.20。

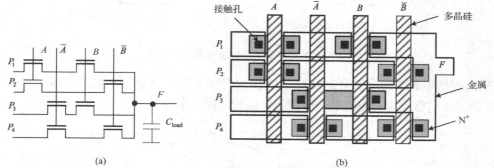

图 4.20　用 NMOS 传输管实现的逻辑函数

图 4.20 中的 C_{load} 为后接逻辑门的等效负载电容。

式（4.13）也可用 CMOS 传输管逻辑来实现，见图 4.21。

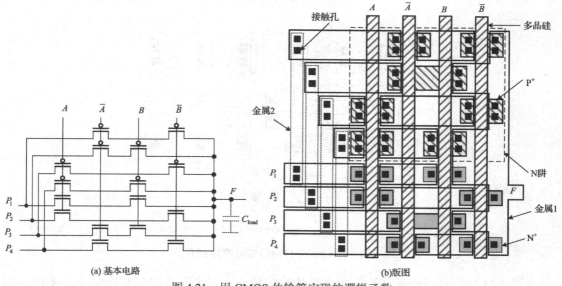

图 4.21　用 CMOS 传输管实现的逻辑函数

在图 4.21(b)中，所有的 PMOS 管均放在一个 N 阱中，可节省芯片面积。在上述两种电路结构中，A 和 B 均作为控制信号，把 P_1、P_2、P_3、P_4 之一选作输出。

4.2　时序逻辑

用 CMOS 基本门（如反相器、与非门、或非门等）可很容易地设计出锁存器和触发器等时序电路，但这种做法需用到大量的晶体管，故不太适合在超大规模集成电路中使用。

图 4.22 给出了 D 锁存器的电路结构，如果采用 CMOS 基本门实现这个结构，则需要 2 个与非门、2 个或非门和 3 个反相器，共需 22 个 MOS 管。

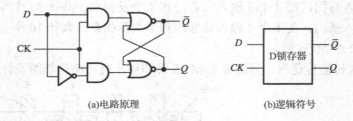

(a)电路原理　　　　　　　　　(b)逻辑符号

图 4.22　D 锁存器的电路原理图和符号图

在超大规模集成电路中，常采用 CMOS 传输门来实现 D 锁存器，见图 4.23，图中只需 8 个 MOS 管，且电路结构更为简单，版图也可以设计得很紧凑。

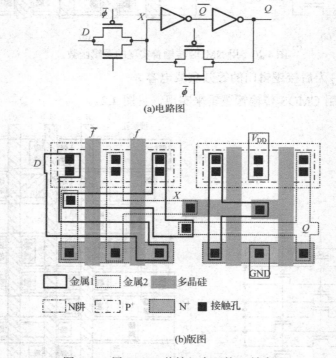

(a)电路图

金属1	金属2	多晶硅

N阱　　P$^+$　　N$^+$　　接触孔

(b)版图

图 4.23　用 CMOS 传输门实现的 D 锁存器

在图 4.23 中，有一个前向通道 CMOS 传输门和一个反馈通道 CMOS 传输门，两个门中，

时钟信号 ϕ 和 $\overline{\phi}$ 的接法是相反的，两个串联的反相器与反馈通道 CMOS 传输门一道，形成存储单元。图 4.24 是图 4.23 所示的 D 锁存器的仿真波形，电路采用 0.13μm CMOS 工艺设计。

在图 4.24 中，时钟周期为 2ns，当时钟信号 ϕ 为高电平 V_{DD} 时，前向通道 CMOS 传输门打开，信号 D 传进来，送给两个反相器，Q 和 $\overline{Q}$ 随 D 而动；当时钟信号 ϕ 为低电平 0V 时，前向通道 CMOS 传输门关闭，信号 D 进不来，反馈通道 CMOS 传输门打开，两个反相器形成回路，信号在回路中再生，保证 Q 和 $\overline{Q}$ 锁定在标准电平上。

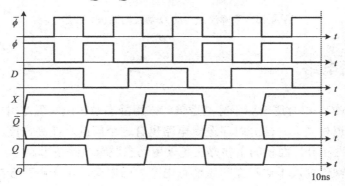

图 4.24　用 CMOS 传输门实现的 D 锁存器的仿真结果

将两个基本 D 锁存器级联起来，就可组成两级主从 D 触发器，见图 4.25。

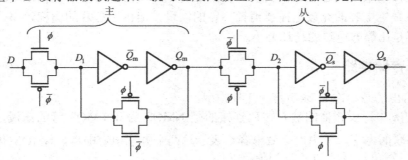

图 4.25　用 D 锁存器构成的下降沿触发的 D 触发器

在图 4.25 中，第一级、第二级锁存器的前向通道的 CMOS 传输门，其时钟信号的接法是相反的，保证两个 CMOS 传输门不同时导通。当时钟信号 ϕ 为高电平时，第一级锁存器状态与输入信号一致，即 $Q_m = D$；当时钟信号 ϕ 从高电平跳变到低电平时，第一级锁存器停止对输入信号 D 采样，最新进来的 D 存储在第一级锁存器中，以 Q_m 的形式表现，同时，第二级锁存器变为开启状态，使第一级锁存器存储的 Q_m 输入到第二级锁存器中，并以 Q_s 的形式表现，因为第一级锁存级与输入 D 分离，所以输入 D 不影响输出 Q_s，当时钟信号再次从低电平跳变到高电平时，第二级锁存器锁存的是第一级锁存器的输出 Q_m，第一级锁存器又开始对输入信号 D 进行采样。从外特性看，Q_s 正好反映时钟信号 ϕ 的下降沿时输入 D 的瞬间值，所以上述电路称为下降沿触发的 D 触发器，换句话说，第一级锁存器在 ϕ 发生 "$0V \rightarrow V_{DD}$" 变化时，这时的值 $D(\phi:0V \rightarrow V_{DD})$ 保存在第一级锁存器中，输出为 $Q_m = D(\phi:0V \rightarrow V_{DD})$，当第二级锁存器导通时，输出 Q_s 始终与输入 $Q_m = D(\phi:0V \rightarrow V_{DD})$ 相同，所以它是下降沿触发的，电路仿真波形见图 4.26，请注意 ϕ 的下降沿。

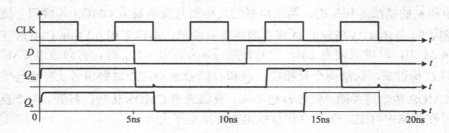

图 4.26　下降沿触发的 D 触发器的仿真波形

4.3　动态逻辑电路

前面介绍的 CMOS 组合逻辑属于静态逻辑门，用静态逻辑门实现逻辑电路需要的晶体管较多，产生的延迟也相当大，部分时序逻辑电路也有这个问题。在高密度、高性能的数字电路中，减小电路延迟和硅片面积的主要办法是采用动态逻辑电路技术。

动态逻辑门的操作取决于储存在寄生节点电容内的电荷，由于电荷会泄漏，所以这类电路需要定期刷新内部节点电压，以补偿电荷的泄漏，因此，动态逻辑电路需要周期性时钟信号来控制电荷刷新。由于整个系统都使用共同的时钟信号，因此动态逻辑电路技术特别适合于同步逻辑设计。采用动态逻辑门实现的复杂逻辑电路所需的芯片面积比采用静态电路的要小得多。虽然寄生电容的充放电需要消耗一定的能量，但由于芯片的面积较小，所以多数情况下其功耗还是比静态电路的功耗要小。

4.3.1　动态存储电路

图 4.27 给出的是动态 D 锁存器的几种构型。

在图 4.27(a)中，反相器的输入端 V_x 连接的是 NMOS 管和 PMOS 管的栅极，这两个栅极相当于两个并联的电容，图中用等效电容 C 表示这两个并联电容的值，NMOS 传输管栅极接时钟信号 CK，输出 Q 反映的是 D 的值。

在图 4.27(a)中，当 CK $= V_{DD}$ 或高电平时，NMOS 传输管导通，根据输入端 D 的逻辑电平的高低情况，输入 D 向等效电容 C 充电，或者等效电容 C 向输入 D 放电，等效电容 C 充电或放电的时间取决于 C 的值、传输管等效电阻值以及输入信号源的输出电阻值。

在图 4.27(a)中，当 CK $= 0V$ 或低电平时，NMOS 传输管截止，反相器输入端 V_x 与外部隔绝，等效电容 C 上存储的电荷 CV_{DD} 使栅源电压 V_{GS} 保持为 V_{DD}，如果等效电容 C 上没有存储电荷，则栅源电压 V_{GS} 保持为 $0V$，$V_i = V_{GS}$，存储的电压值反映逻辑值。如果等效电容完全与外界隔离，存储的电荷就能保持不变，即存储的逻辑值就能保持不变。然而，由于 NMOS 传输管的源区与衬底间存在反向漏电流，会导致存储电荷的泄漏。这种泄漏积累到一定程度，就会使栅源电压 V_{GS} 降低，从而使逻辑值由"1"变为"0"，因此，这种电路存储信息的时间是短暂的，必须不断重复再生，故称为动态电路。

下面通过一个例子说明动态存储电路的暂存性。

【例 4.2】设在图 4.27(c)中，NMOS 传输管的漏扩散区的面积为 $4\mu m \times 5\mu m$，反相器 NMOS 管的栅面积为 $3\mu m^2$，反相器 PMOS 管的栅面积为 $6\mu m^2$。如果栅电容 C_{ox} 等于 $1fF/\mu m^2$，扩散

区面电容等于 $0.12\text{fF}/\mu\text{m}^2$，扩散区边电容等于 $0.2\text{fF}/\mu\text{m}$，扩散区到衬底区的漏电流密度为 $0.2\text{fA}/\mu\text{m}^2$，试问经过多长时间存储节点电压值将变化 2.5V？

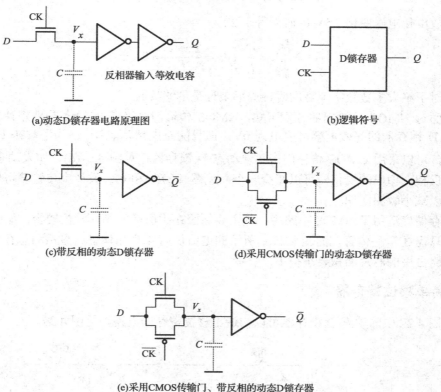

(a)动态D锁存器电路原理图　　　　　　　　　　(b)逻辑符号

(c)带反相的动态D锁存器　　　　　　(d)采用CMOS传输门的动态D锁存器

(e)采用CMOS传输门、带反相的动态D锁存器

图 4.27　动态 D 锁存器电路

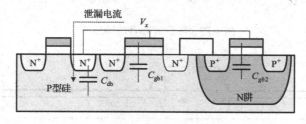

图 4.28　动态 D 锁存器泄漏电流

解： 图 4.27(c)的节点 V_x 的电容分析可见图 4.28，V_x 点连接着 3 个电容，即 NMOS 传输管漏极与衬底的电容 C_{db}、反相器 NMOS 管栅极与衬底的电容 C_{gb1} 以及反相器 PMOS 管栅极与衬底的电容 C_{gb2}，其中，

$$C_{db} = 20\mu\text{m}^2 \times 0.1\text{fF}/\mu\text{m}^2 + 18\mu\text{m} \times 0.2\text{fF}/\mu\text{m} = 5.6\text{fF}$$

$$C_{gb1} = 3\mu\text{m}^2 \times 1\text{fF}/\mu\text{m}^2 = 3\text{fF}$$

$$C_{gb2} = 6\mu\text{m}^2 \times 1\text{fF}/\mu\text{m}^2 = 6\text{fF}$$

总的电容为

$$C = C_{db} + C_{gb1} + C_{gb2} = 14.6\text{fF}$$

扩散区到衬底区的漏电流为：

$$I_r = 20\mu m^2 \times 0.2 fA/\mu m^2 = 4 \times 10^{-3} pA$$

电容放电使电压变化 2.5V 的时间等于：

$$T = \int_0^T dt = \frac{C}{I_r}\int_0^{2.5} du = \frac{2.5 \times C}{I_r} = 9.13s$$

这个时间对于绝大多数数字电路的时钟周期来说是足够长的。

由前面对 NMOS 传输门的分析可知，NMOS 传输门对"1"信号不是理想开关，所以这里的动态 D 锁存器的等效电容可放电到 0V，但只能充电到 $V_{DD} - V_{tn}$。为了解决 NMOS 传输门的缺点，可以采用 CMOS 传输门来实现动态 D 锁存器，见图 4.27(d)，如果动态 D 锁存器允许输出反相，输出的反相器可以减少一个，见图 4.27(c)和(e)。设计中传输管可以按最小尺寸设计，以减小版图面积。

动态存储广泛用于 CMOS 电路中，其主要原因在于所需的晶体管数较少，如图 4.27(c)所示的电路只需 3 个晶体管，而图 4.27(e)所示的电路仅需 4 个晶体管。显然动态存储电路比静态存储电路占用的芯片面积要小得多。

4.3.2　简单移位寄存器

利用图 4.27 中的动态 D 锁存器可以构造出移位寄存器电路，见图 4.29。

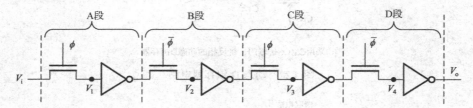

图 4.29　移位寄存器电路结构

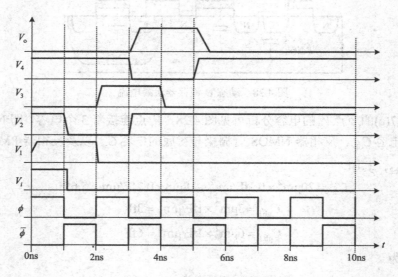

图 4.30　移位寄存器电路仿真结果

　　图 4.29 给出的是一个由 4 个动态 D 锁存器级联而成的 4 级移位寄存器，移位寄存器的工作是由时钟 ϕ 和 $\bar{\phi}$ 控制的，为了理解图 4.28 所示电路的工作过程，图 4.30 给出了该电路的仿真波形。该仿真结果采用的是 0.13μm CMOS 工艺实现的，图中时钟周期为 2ns，整个仿真时间为 10ns。

　　在 $t = 0 \sim 1$ns 时，ϕ 为高电平，A 段的 D 锁存器导通，输入 V_i 为高电平且进入 V_1 点，A 段 D 锁存器的反相器输出为低电平，在 $t = 1$ns 且 $\phi = 1 \to 0$ 时，A 段 D 锁存器的输入断开，输出保持为低电平。

　　在 $t = 1 \sim 2$ns 时，$\bar{\phi}$ 为高电平，B 段的 D 锁存器导通，输入为 A 段 D 锁存器的输出，即低电平，输入进入 ϕ 点，B 段 D 锁存器的反相器输出为高电平，在 $t = 2$ns 且 $\bar{\phi} = 1 \to 0$ 时，B 段 D 锁存器的输入断开，输出保持为高电平。

　　在 $t = 2 \sim 3$ns 时，GND 为高电平，C 段的 D 锁存器导通，输入为 B 段 D 锁存器的输出，即高电平，输入进入 V_3 点，C 段 D 锁存器的反相器输出为低电平，在 $t = 3$ns 且 $\phi = 1 \to 0$ 时，C 段 D 锁存器的输入断开，输出保持为低电平。

　　在 $t = 3 \sim 4$ns 时，$\bar{\phi}$ 为高电平，D 段的 D 锁存器导通，输入为 C 段 D 锁存器的输出，即低电平，输入进入 V_4 点，D 段 D 锁存器的反相器输出为高电平，在 $t = 4$ns 且 $\bar{\phi} = 1 \to 0$ 时，D 段 D 锁存器的输入断开，输出保持为高电平。

　　从以上分析可知，信号 V_i 进入第 1 级 D 锁存器并被锁住的时间是 $t = 1$ns，信号 V_i 经过一系列移动到达第 4 级 D 锁存器并被锁住的时间是 $t = 4$ns，共移动了 3ns，正好是 $(4-1) \times (2\text{ns} / 2) = 3$ns，其中 2ns 是时钟 ϕ 的周期 T。一般而言，对于 n 级 D 锁存器组成的移位寄存器，其信号移动或延迟时间为 $(n-1) \times (T / 2)$。

　　上述移位寄存器可以用于集成电路中数据信号的暂存以及对信号进行一定时间的延迟等用途，移位寄存器也可作为时序逻辑电路的暂存器。一般来说，移位寄位器可实现高密度、有限存取时间的存储器电路，应用比较广泛。

　　图 4.31 给出的是时钟同步的并行移位寄存器，这种结构可用于微处理器中的 8 位、16 位、32 位等的数据并行移位。

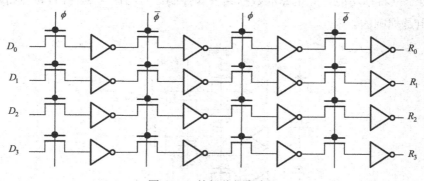

图 4.31　并行移位寄存器

　　图 4.32 给出的是图 4.31 电路的版图，在图 4.32 中，ϕ 和 $\bar{\phi}$ 是控制信号，数据信号是从左到右流过寄存器的，通道 $D_0 \to R_0$ 和通道 $D_1 \to R_1$ 共用了地线 GND，通道 $D_1 \to R_1$ 和通道 $D_2 \to R_2$ 共用了 V_{DD} 线，如此等等，这种规则的、对称的镜像版图结构对节省版图面积有利。

由于 D 锁存器单元需要重复实现多次，采用镜像技术减小 D 锁存器单元的几何尺寸就显得非常重要了。

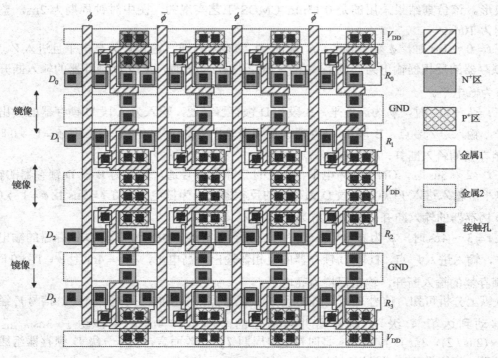

图 4.32　并行移位寄存器的版图

图 4.33 给出的是一种实现并行移位和右移的电路，控制信号 SH 为低电平时，$\overline{\phi}\cdot\overline{SH}$ 控制的 NMOS 传输管由 $\overline{\phi}$ 来控制，而 $\overline{\phi}\cdot SH$ 控制的 NMOS 传输管断开，电路实现 $D_0 \rightarrow R_0$、$D_1 \rightarrow R_1$、$D_2 \rightarrow R_2$ 和 $D_3 \rightarrow R_3$ 的并行移位。当控制信号 SH 为高电平时，$\overline{\phi}\cdot SH$ 控制的 NMOS 传输管由 $\overline{\phi}$ 控制，而 $\overline{\phi}\cdot\overline{SH}$ 控制的 NMOS 传输管断开，电路实现 $D_1 \rightarrow R_0$、$D_2 \rightarrow R_1$、$D_3 \rightarrow R_2$ 和 $D_4 \rightarrow R_3$ 的一位右移功能。此电路的数据路径和控制信号与图 4.31 并行移位寄存器非常相似，其版图也是规则的。

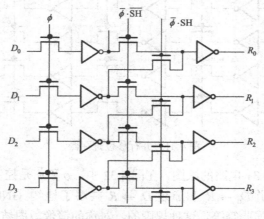

图 4.33　四位并行移位、右移寄存器

4.3.3　预充电逻辑

预充电逻辑电路的一般结构见图 4.34。

预充电逻辑同样具有功耗低的优点，与 CMOS 逻辑类似，但其构成电路所需晶体管数与 NMOS 逻辑相当。由图 4.34 可见，在电源和地线之间加上两个由时钟信号 Clk 控制的 MOS 管 M_p 和 M_e。由于 M_p 和 M_e，不会同时开启，因此电源与地线之间不存在直流通路，所以整个电路的直流功耗近似为零。

由于不存在直流通路，输出逻辑电平就与器件尺寸无关，因此设计时可采用最小尺寸设计。

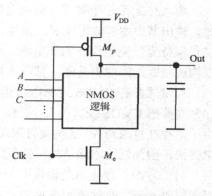

图 4.34　预充电逻辑电路的一般结构

预充电逻辑有两条路径实现输出节点的充电和放电，见图 4.35。

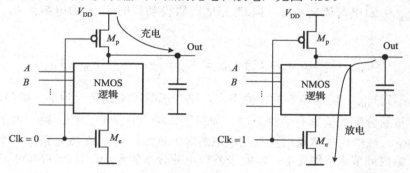

图 4.35　预充电逻辑电路的充电和放电条件

在图 4.35 中，当时钟信号 Clk = 0 时，M_p 管导通，电路通过 M_p 管向负载电容充电，输出被充到电源电压，因此 M_p 常被称为预充电管。当时钟信号 Clk = 1 时，负载电容通过 NMOS 逻辑和 M_e 向地放电，能否放电由 NMOS 逻辑和输入信号确定，因此 M_e 常称为求值管。一般来说，对于方波时钟信号，预充电逻辑输出值的有效期不到半个周期。预充电逻辑电路一般采用单相时钟即可工作。

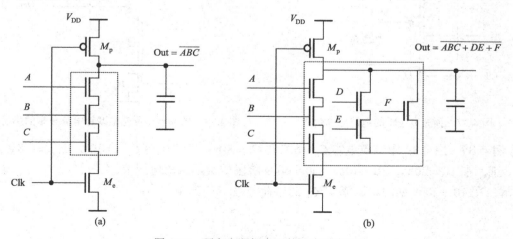

图 4.36　预充电逻辑实现的门电路实例

图 4.36(a)是一个采用预充电逻辑实现的三输入与非门，只有当输入 A、B、C 均为高电平时，输出节点才能放电至零；如果 A、B、C 之中任一个为低电平，放电路径就被断开，输出节点保持为预充电状态的高电平。由此可见，该电路实现了与非逻辑功能。预充电逻辑还可以构成较复杂的逻辑功能，见图 4.36(b)。

与常规静态 CMOS 逻辑电路相比，预充电逻辑有一些优点，如预充电逻辑电路所需面积比常规静态 CMOS 逻辑的要小，预充电逻辑电路是无比电路，可使用最小尺寸进行电路设计，由于不存在直流路径，逻辑块可采用大量晶体管构成电路，预充电逻辑工作速度比常规 CMOS 电路快，因为这种电路结构降低了门级负载。

另一方面，预充电逻辑也有一些缺点，如逻辑输出值受电荷分享效应影响，会导致输出逻辑电平下降，具体原因参见图 4.37。

在图 4.37 中，电路的中间节点 x 实际上对地有电容 C_x 存在。当时钟 Clk = 0 时，电源对负载充电 C_{load}，一直充到 $V_{Out} = V_{DD}$ 为止；当时钟 Clk = 1，同时 $A = B = 1$、$C = 0$ 时，放电卡在点 x，C_{load} 中的电荷流向点 x，向 C_x 充电，假设初始时 C_x 上的电荷为 0，按电荷守恒规律，有：

$$C_{load} \cdot V_{DD} = (C_{load} + C_x) \cdot V_{Out} \Rightarrow V_{Out} = \frac{C_{load}}{C_{load} + C_x} \cdot V_{DD} \le V_{DD}$$

即输出电压达不到 V_{DD}，随着电容的比值不同，这个影响可能到延伸到下一级门。

解决电荷重新分配的问题有多种方法，如对逻辑树进行细心安排，减小内部节点电容与负载电容的比值，或给内部节点增加预充电电路等。例如，图 4.38 就是通过一个时钟控制的 PMOS 管 M_{kp} 给内部节点 x 预充电，以此来减轻电荷分享的影响，这个 PMOS 管 M_{kp} 通常称为保持管。

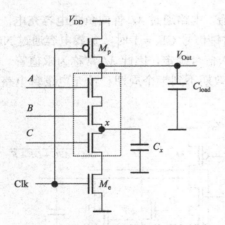
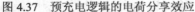

图 4.37　预充电逻辑的电荷分享效应

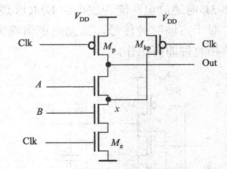

图 4.38　内部节点预充电减轻电荷分享的影响

【例 4.3】 图 4.39 中节点电容 $C_1 = 6fF$ 和 $C_2 = 8fF$，负载电容 $C_L = 10fF$，$V_{DD} = 1.8V$，求输出点 V_{Out} 在 10～20ns、30～40ns、50～60ns 阶段的实际输出电压值。

解：在 10～20ns 期间，C_1 参与 C_L 的电荷分享，V_o 的电平为：

$$V_o = \frac{C_L}{C_1 + C_L} V_{DD} = 1.125V$$

在 30～40ns 期间，电容放电到 0，即：

$$V_o = 0V$$

在 50～60ns 期间，C_1 和 C_2 均参与电荷分享，V_o 的电平变为：

$$V_o = \frac{C_L}{C_1 + C_2 + C_L} V_{DD} = 0.75V$$

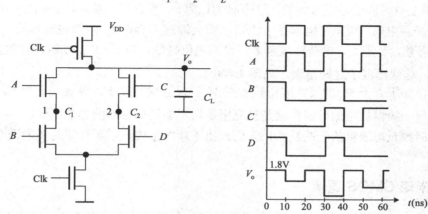

图 4.39　预充电逻辑的电荷分享效应计算实例

预充电逻辑需要时钟信号，输出信号是动态存储信号，时钟的最大工作速率应有一定的限制。在求值过程中，输入信号必须保持稳定，否则会导致输出节点放电逻辑电平出错。

基于相同时钟信号的预充电逻辑是不能直接相连的，图 4.40 给出了一个反例。

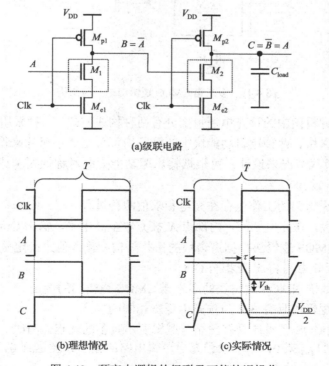

图 4.40　预充电逻辑的级联及可能的误操作

在图 4.40(a)中，有两段预充电逻辑相级联。表面上，输出 $C = \overline{B} = \overline{\overline{A}} = A$，但实际上，这种关系无法确保，图 4.40(b)和(c)分析了在一个时钟周期内电路的变化情况，其中始终有 $A = V_{DD}$。

在这个周期的前半周，即当 $Clk = 0$ 时，两级预充电逻辑的输出 B 和 C 都预充到高电平 V_{DD}。在这个周期的后半周，即当 $Clk = 1(V_{DD})$ 时，理想的情况是，第一级的输出 B 应立即变为 $B = 0$，同时让 M_2 截止，这样 C_{load} 上的电荷就不会释放，C 能得到期望值 V_{DD}，见图 4.40(b)。但实际上，M_2 栅极上电容放电是有时间的，这个时间记为 τ，在时间 τ 期间，$B = V_{DD} \to V_{th}$，V_{th} 是 NMOS 管的开启电压，预充在电容 C_{load} 上的电荷会通过 M_2 和 M_{e2} 两管进行释放，并会使 C 的电位降低，显然，τ 越大，电荷释放越多，C 的电位越低，当 $C < V_{DD}/2$ 时，C 的逻辑值就会从 1 变为 0，这就出现了逻辑错误，见图 4.40(c)。

设计时，如果管子 M_2 的尺寸取得较大而 M_1 的尺寸取得较小，就会使 τ 增大。

这种使后一级误放电的可能性就是预充电逻辑不能简单级联的主要原因。

为了克服预充电逻辑的一些缺点，人们提出了新的结构，下面介绍的多米诺 CMOS 电路就是其中的一个。

4.3.4 多米诺 CMOS 逻辑

多米诺 CMOS 逻辑门由一个预充电逻辑门和一个静态反相器构成，一般结构见图 4.41，图中 M_p 为预充电管，M_e 为求值管。

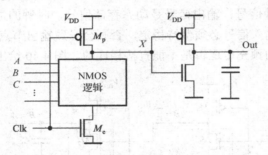

图 4.41　多米诺 CMOS 逻辑门的一般结构

多米诺 CMOS 逻辑门中的预充电逻辑部分有两种构成方式：一种采用 NMOS 逻辑块，另一种采用 PMOS 逻辑块。两种逻辑功能块中的管子均可采用最小尺寸来设计。输出端反相器的几何尺寸应根据负载情况来设计，可根据输出驱动能力的对称性要求或对大电容负载快速充放电的要求来进行设计。

多米诺 CMOS 逻辑门的工作也存在充电和求值两种过程。

对于图 4.41 来说，在充电期间，内部点 X 被充电至高电平，输出 Out 由反相器反相成低电平；在求值期间，NMOS 逻辑块根据逻辑块的拓扑结构和输入值来确定是否将内部输出值 X 下拉至低电平，而反相器再将 X 反相至 Out。

图 4.42 是一个基于 NMOS 逻辑块的多米诺 CMOS 逻辑门的例子。

多米诺 CMOS 逻辑门具有许多与预充电逻辑相同的优点。

此外，多米诺 CMOS 逻辑还具有预充电逻辑所不具备的优点。例如，多米诺 CMOS 逻辑门可确保输出值达到 V_{DD} 或 0，而一般预充电逻辑电路的输出只能达到 0，高电平达不理想的 V_{DD}，因为存在电荷分享效应。

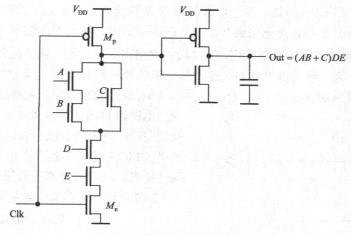

图 4.42　多米诺 CMOS 逻辑门

多米诺逻辑单元的扇出总为 1。

多米诺 CMOS 逻辑门可以直接级联，见图 4.43。

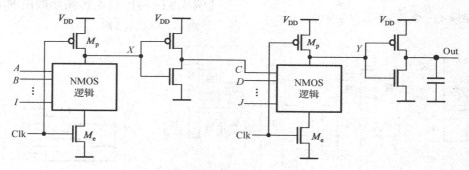

图 4.43　多米诺 CMOS 逻辑门的级联

如果去掉多米诺 CMOS 逻辑门中的反相器，多米诺 CMOS 逻辑门的级联也可交替地采用 PMOS 管逻辑块和 NMOS 管逻辑块来实现，见图 4.44。

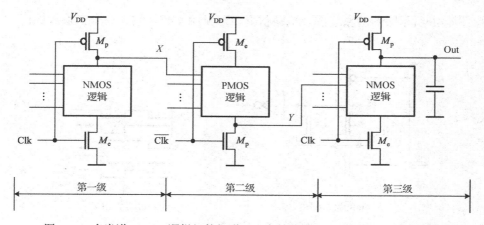

图 4.44　多米诺 CMOS 逻辑门的级联——交替使用 NMOS 和 PMOS 逻辑块

在图 4.44 中,当 Clk = 0 时,第一级的输出点 X 预充电到 V_{DD},第二级的输出点 Y 预放电到零,第三级的输出点 Out 预充电到 V_{DD}。当 Clk = V_{DD} 时,第一级的输出点 X 通过第一级的输入和 NMOS 逻辑块进行放电来求值,第二级的输出点 Y 通过第二级的输入和 PMOS 逻辑块进行充电来求值,第三级的输出点 Out 通过第三级的输入和 NMOS 逻辑块进行放电来求值。

NMOS 逻辑块可制作在一个 P 阱中,同样,PMOS 逻辑块也可以制作在一个 N 阱中。与预充电逻辑相比,多米诺 CMOS 逻辑门不提供反相逻辑,每个门的输出必须用反相器缓冲,多米诺 CMOS 逻辑中也存在电荷共享问题。在实际使用时,这些问题都有改进的方法。

【例 4.4】 用多米诺结构设计一个逻辑门:
$$Z = (AB + C + D)E + F$$

解:首先根据 Z 的表达式设计 NMOS 逻辑块,再根据多米诺 CMOS 逻辑设计整体电路,具体见图 4.45。

【例 4.5】 写出图 4.46 所示版图的电路原理图,并画出 D 点的波形。

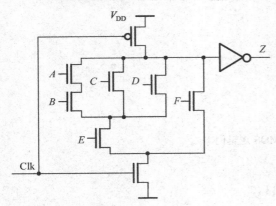

图 4.45 多米诺逻辑门电路实例

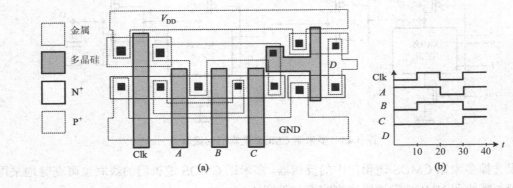

图 4.46 多米诺电路实例

解:图 4.46 所示版图的原理图及电路仿真波形见图 4.47,它是一个三输入或门。

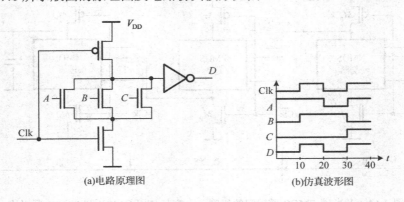

(a)电路原理图 (b)仿真波形图

图 4.47 多米诺实例电路原理图及电路波形

4.3.5 多米诺 CMOS 逻辑的改进电路——TSPC 逻辑电路

在图 4.44 中，多米诺 CMOS 逻辑门采用了级联的方式，即交替使用 NMOS 和 PMOS 逻辑块来组织电路，采用了互为反相的 Clk 和 $\overline{Clk}$ 两个时钟来控制信号的传递。但实际上，Clk 和 $\overline{Clk}$ 两个控制时钟很难做到真正的无交叠，而时钟交叠会产生电路的误操作。

为了避免时钟交叠问题，人们提出了多米诺 CMOS 逻辑的另一种改进电路，即真单相时钟 CMOS 逻辑 TSPC（True Single Phase Clock CMOS），它的基本电路结构见图 4.48。

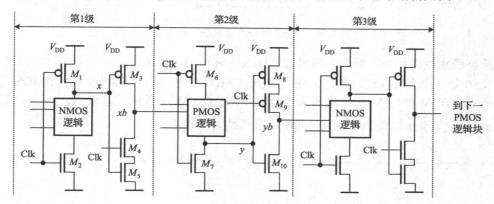

图 4.48　TSPC 电路结构

图 4.48 所示是一种单相时钟电路，没有时钟交叠问题，不会产生错误求值。这是一种流水线结构，每一级类似一个多米诺结构，只不过把输出部分的反相器换成了一个动态锁存器而已，每一级有两种类型，即 NMOS 类型和 PMOS 类型。图 4.48 的第 1 级是 NMOS 类型，第 2 级是 PMOS 类型，第 3 级是 NMOS 类型，等等。相邻两级不能采用同一种类型。

对于 NMOS 类型来说，如图 4.48 所示的第 1 级，前一部分是一个预充电结构，由 MOS 管 M_1 和 M_2 加上 NMOS 逻辑块组成，动态锁存器由 M_3、M_4 和 M_5 管组成，当时钟 Clk = 0 时预充电，M_2 管截止，M_1 管导通，点 x 被充电至 V_{DD}，因此 M_3 截止，M_4 也截止，点 xb 的状态被锁存，之前输入至 xb 的值被保持；当时钟 Clk = V_{DD} 时预充电结构求值，这时 M_2 管导通，点 x 通过 NMOS 逻辑块的计算形成新的值，xb 被更新为新的值，$xb = \overline{x}$；当时钟再次变为 Clk = 0 时，xb 立刻被锁存，同时 x 再次被充电至 V_{DD}，如此循环下去。

对于 PMOS 类型来说，如图 4.48 所示的第 2 级，前一部分是一个预充电结构，由 MOS 管 M_6 和 M_7 加上 PMOS 逻辑块组成，动态锁存器由 M_8、M_9 和 M_{10} 管组成，当时钟 Clk = V_{DD} 时预放电，M_6 管截止，M_7 管导通，点 x 被放电至 0V，因此 M_{10} 截止，M_9 也截止，点 yb 的状态被锁存，之前输入至 yb 的值被保持；当时钟 Clk = 0 时预充电结构求值，这时 M_6 管导通，点 y 通过 PMOS 逻辑块的计算形成新的值，yb 被更新为新的值，即 $yb = \overline{y}$；当时钟再次变为 Clk = V_{DD} 时，yb 立刻被锁存，同时 y 再次被放电至 0V，如此循环下去。

这种流水操作方式可用图 4.49 来表示。

由图 4.49 可知，后一级电路求值时，它的输入正好来源于前一级当前锁存的值，这样，值一级一级传下去，就形成一个流水线结构，后一级电路的求值要比前一级电路的求值晚半个时钟周期。

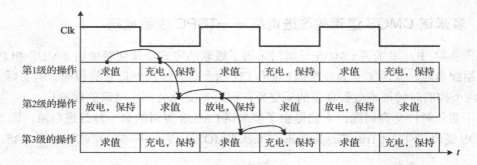

图 4.49　TSPC 电路的流水线工作方式

在动态流水线操作中，整个电路可达到较高的时钟频率和速度。

图 4.50 是一个电路实例，电路采用 0.13μm CMOS 工艺实现，NMOS 管和 PMOS 管的开启电压分别为 0.5V 和 0.7V，工作电压为 2.5V，NMOS 管/PMOS 管的尺寸取：$L_n = L_p = 0.13\mu m$，$W_n = 2\mu m$，$W_p = 5\mu m$，输出负载为 100fF，仿真结果见图 4.51。

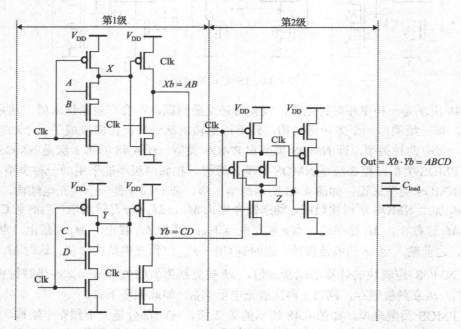

图 4.50　TSPC 结构的电路实例

图 4.51 所示的仿真结果完全符合图 4.49 的流水线工作方式。图 4.50 的电路由两级组成，第 1 级有两个 NMOS 类模块，一个模块的输入为 A 和 B，实现的逻辑功能为 $Xb = AB$；另一个模块的输入为 C 和 D，实现的逻辑功能为 $Yb = CD$；第 2 级有 1 个 PMOS 类模块，模块的输入为 Xb 和 Yb，实现的逻辑功能为 $Out = Xb \cdot Yb$，整个电路实现的逻辑功能是 $Out = ABCD$。

在图 4.51 中，对于第 1 级来说，在 $Clk = V_{DD}$ 时，第 1 级求值。例如，在 0～5ns 期间，$A = 1$，$B = 1$，$Xb = 1$，$C = 1$，$D = 1$，$Yb = 1$。在 $Clk = 0V$ 时，第 1 级内部的预充电部分进行充电，而动态锁存器部分进行状态的锁存，这时 Xb 和 Yb 保持状态不变。例如，在 5～10ns 期间，即 $Xb = 1$，$Yb = 1$。

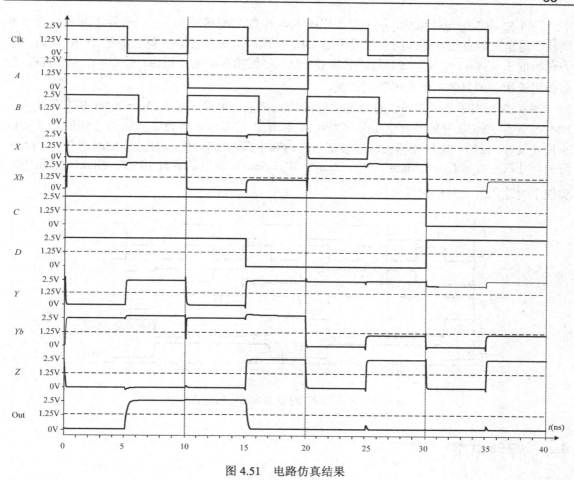

图 4.51　电路仿真结果

在图 4.51 中，对于第 2 级来说，在 $Clk=0V$ 时，第 2 级求值。例如，在 5～10ns 期间，第 2 级求值，$Out=Xb\cdot Yb=1$。在 $Clk=V_{DD}$ 时，第 2 级内部的预充电部分进行放电，而动态锁存器部分进行状态的锁存。例如，在 10～15ns 期间，$Out=1$。

再看在 20～25ns 期间，$A=1$，$B=1$，$Xb=1$，$C=1$，$D=0$，$Yb=0$。在 25～30ns 期间，$Xb=1$，$Yb=0$（Yb 的电压实际值为 $1.025V<1.25V$，所以 Yb 的逻辑值为 0），所以 $Out=0$，这也验证是对的。

基于 TSPC 逻辑也可构造上升沿触发的 D 触发器，电路如图 4.52 所示。

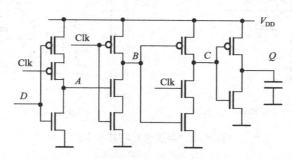

图 4.52　基于 TSPC 逻辑设计的上升沿触发的 D 触发器电路

图 4.52 由 3 级电路组成。第 1 级类似图 4.48 中的 PMOS 类模块，但去掉了其中的预充电结构，这里只起反相作用；第 2 级采用图 4.48 中的 NMOS 类模块。前 2 级是 TSPC 结构，因为逻辑值上有 $A = \overline{D}$，$C = A$，为了实现 $Q = D$，再用第 3 级实现反相，使 $Q = \overline{C} = \overline{A} = D$，最后使用反相器的目的是使波形得到修整。

图 4.53 给出了基于 TSPC 的 D 触发器的仿真结果，电路采用 0.13μm CMOS 工艺设计，NMOS 管和 PMOS 管的开启电压分别为 0.5V 和 0.7V，工作电压为 2.5V，前 3 级的管子按最小尺寸设计，最后一级反相器按输出波形上升沿和下降沿对称的原则设计，NMOS 管和 PMOS 管的尺寸取：$L_n = L_p = 0.13\mu m$，$W_n = 2\mu m$，$W_p = 5\mu m$，输出负载为 100fF。图 4.53 显示电路实现了对输入的上升沿触发采样。

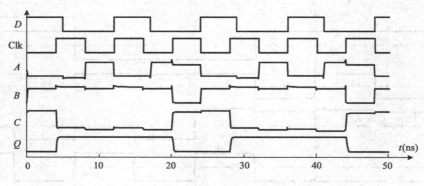

图 4.53　基于 TSPC 的 D 触发器电路仿真结果

4.4　存储电路

随机存储阵列 RAM 是使用最为广泛的电路，按存取单元的工作原理分，RAM 可分为动态存储器 DRAM 和静态存储器 SRAM。DRAM 主要做主存，而 SRAM 主要做高速缓存。

DRAM 单元包含一个可存储"1"（高电平）和"0"（低电平）的电容和一个可对电容进行数据存取操作的晶体管。由于存储节点上存在漏电现象，单元信息（电压）会逐渐丢失，因此，单元数据必须周期地进行读出和重写，即进行数据再生。SRAM 单元包含锁存器，只要不掉电，数据就不会丢失。图 4.54 给出了存储单元的基本电路。

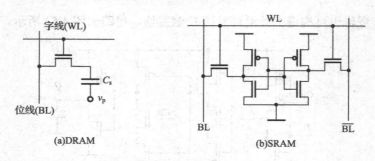

图 4.54　存储单元的基本电路

图 4.54(a)是单个管子构成的动态存储单元，当字线为高时，位线上的数据被写到电容 C_s

上保存起来，需要时再将其读出。这里的电容是最重要的器件，采用特殊工艺制成，如采用高介电常数的介质材料、采用多层电容结构等，可用小面积实现大电容。电容越大，电荷泄漏的时间越长，数据相对来说越稳定。

图 4.54(b)是 SRAM 存储单元的基本电路，由一个 CMOS 锁存器加上相应的传输管构成。为了理解图 4.54(b)所示电路的工作原理，可用一个实验电路加以说明，见图 4.55。

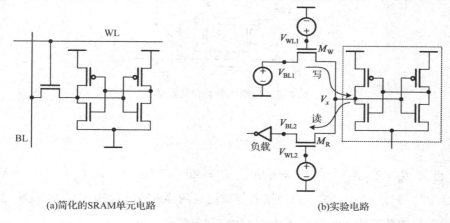

(a)简化的SRAM单元电路　　　　　　　　(b)实验电路

图 4.55　SRAM 存储单元的实验电路

图 4.55(b)所示的实验电路采用 0.13μm CMOS 工艺设计，图 4.55(b)的左上部分模拟对 SRAM 存储单元实施写操作，图 4.55(b)的左下部分模拟对 SRAM 存储单元实施读操作。仿真结果见图 4.56，图中，先做写操作，再做读操作。

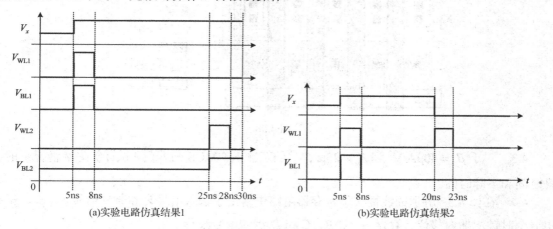

(a)实验电路仿真结果1　　　　　　　　　　(b)实验电路仿真结果2

图 4.56　SRAM 存储单元的实验电路仿真结果

图 4.56(a)的仿真时间为 30ns，存储单元的初始状态不确定，即 $V_x = V_{DD} / 2$。由图 4.56(b)可知，在 $t = 5 \sim 8$ns 时，$V_{WL1} = V_{DD}$，$V_{BL1} = V_{DD}$，NMOS 管 M_W 导通，第一个字线有一个"1"信号，这个信号进入存储单元，使 $V_x = V_{DD}$。在 8ns 以后，没有新的写入信号，V_x 保持不变。在 $t = 25 \sim 28$ns 时，$V_{WL2} = V_{DD}$，NMOS 管 M_R 导通，外部有一个负载需要读存储单元中的"1"信号，这个负载在 $t < 25$ns 时初始状态不确定，但当 M_R 导通后，"1"信号进入到负载的输入端，使 $V_{BL2} = V_{DD}$，在 $t > 28$ns 时，V_{BL2} 保持不变。

图 4.56(b)说明的是如何改变存储单元内容的另一个例子，该例只考虑写的变化。字线给出了两次开启 NMOS 管 M_W 的信号，分别将存储单元置为"1"和"0"。

只要将图 4.54(b)的 SRAM 存储单元电路稍加改动，就可变为双端口静态存储器，见图 4.57。

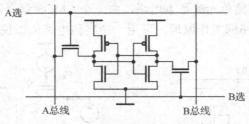

图 4.57 双端口静态存储器单元

习题

4.1 已知 $\beta_n = 25\mu A/V^2$，$W_n = 3\mu m$，$L_n = 3\mu m$，$V_{tn} = 1V$，$V_{tp} = -1V$，$K'_N = K'_P$，$\beta_p = 12.5\mu A/V^2$，$V_{DD} = 5V$，试计算两输入与非门、两输入或非门和 CMOS 反相器的门延迟时间。假设它们的负载均为相同尺寸的 CMOS 反相器。

4.2 画出图 4.58 的电路原理图，并给出逻辑式，其中 a～d 是输入，e 是输出。

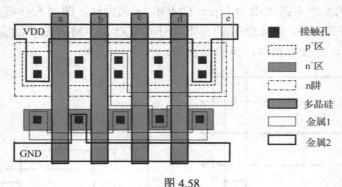

	接触孔
	p^+ 区
	n^+ 区
	n阱
	多晶硅
	金属1
	金属2

图 4.58

4.3 对于 $\beta_n = 40\mu A/V^2$ 和 $\beta_p = 20\mu A/V^2$ 的三输入 CMOS 与非门，试计算最坏情况下的上升时间和下降时间。

4.4 在图 4.59 所示的线性移位寄存器电路中给出了输入信号 V_i 和时钟信号 ϕ_1、ϕ_2，试给出五个时钟周期内移位寄存器内 A、B、C 和 D 点的信号波形。

4.5 试用多米诺逻辑实现下列逻辑方程：

$$R = AB + BC + AC$$

4.6 能否用多米诺逻辑实现异或功能？

4.7 用最小尺寸 MOS 管构成的多米诺门来实现 $F = A(B + C + D + E)$。

4.8 设计桶形移位器的控制信号线的状态以及信号的源和目的总线，要求电路能实现：

（1）左移两位，即输入增大 4 倍；

（2）右移一位，即输入减小 1/2。

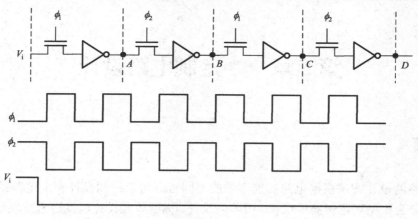

图 4.59

4.9　已知电路采用 1μm CMOS 工艺，其参数为：晶体管栅长取最小值 1μm，栅氧化层厚度为 35nm，栅氧化层介电常数 $\varepsilon_0\varepsilon_{ox}$ 为 3.45×10^{-13}F/cm，电子迁移率为 500cm^2/V·s，空穴迁移率为 200cm^2/V·s，$V_{tn}=-V_{tp}=0.8$V，$V_{DD}=3$V，用预充电逻辑设计 $Z=\overline{ABC}$，假设 N 管和 P 管均取 1μm 的栅长和栅宽，负载电容 $C_L=10$fF，试求输出信号的上升和下降延迟。

第 5 章 半定制电路设计

5.1 引言

集成电路的设计方法根据电路实现方法的不同可分为半定制设计和全定制设计，其中半定制设计又分为可编程逻辑器件设计、门阵列设计、标准单元设计以及近来发展迅速的 FPGA设计，见图 5.1。根据应用目的的不同，设计又分为通用电路设计和专用电路设计，其中前者主要是针对通用性强、使用量大的电路，如 ROM、RAM、通用微处理器等；后者是针对应用范围相对较窄、需求量相对较小的芯片，如专用接口芯片、DSP 芯片及其他专用芯片等。全定制设计方法中，设计者对电路中直到包括版图级在内的每个模块都进行优化设计，在完成了所有的布局、布线及布图后的物理验证和仿真后将版图交给生产厂家去流片。用这种方法设计出来的芯片最节省面积，速度快、可靠性高，但先期投资大，时间长。半定制设计与全定制设计方法不

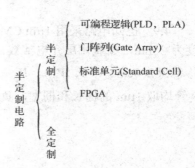

图 5.1 集成电路的分类

同，它是在厂家预先设计并验证了的基本单元的基础上，再从事具体电路的设计。这些基本单元由一些基本门或其他功能性单元组成并已设计好版图。在这些半成品的"母片"上进行设计，设计者不需要涉及单元内部器件之间的互连，而只要把这些基本单元进行合理的布局和相互连线就可以了。这样做省去了许多与低层次的电路级和版图级相关的工作，而将设计重点放在系统和功能的设计和实现方面，因而设计周期和成本比全定制方法大大减小，但这是以损失了部分设计的灵活性和硅片的利用率为代价的。

由此可见，对市场需求量大的通用电路宜采用全定制设计方法，虽然设计成本高，但由于硅片利用率高，高昂的设计成本被分摊到大批量的产品中，从而使产品成本降低。

专用集成电路（Application Specific Integrated Circuit，ASIC）是一种为用户特殊应用而专门设计、制造的产品，能够实现不同用户的特殊要求，但批量一般不会很大。为使 ASIC 电路具有市场竞争力，产品的设计与制造时间应尽可能短，从这一点看，采用半定制设计方法不失为一种好的选择。

在半定制设计方法中，门阵列设计模式利用预先制造的"母片"进行布图设计。母片上排列着大小、形状相同的门电路，按照设计要求将门阵列单元内部晶体管之间以及各单元之间进行适当连接就形成所需的电路。这种方式掩膜工序简单，由于采用了预制的母片，只需经过很少的几道工艺步骤就可获得实际电路。

标准单元的设计方法是 IC 厂家根据用户的需求，将一些设计好的小规模、中规模电路及版图存放在单元库中。设计时，可以从库中选出相应的模块加以合理布局和布线。标

准单元法比门阵列设计节省面积且设计时间短，但其成本也大些，需要全套的掩膜设备。

可编程器件设计方法是用户根据设计需要对器件编程，再通过专门的写入器将程序、网表等写入器件，实现电路的具体功能。

所有这些方法都各有其优缺点。全定制设计最省面积，芯片速度、功耗等也能达到最优；其次是标准单元设计、门阵列设计和可编程逻辑设计。设计中若对面积和速度要求较高，一般考虑采用全定制及半定制设计的门阵列或标准单元设计方法，而可编程器件由于其具备的设计周期短、成本低、可重复编程等特点非常适合于生成原型系统。

从字面上理解，ASIC 是由用户而不是 IC 制造商定义功能，并进行专门设计的集成电路。按照惯例，ASIC 是指通过 IC 生产厂商制造出来或通过其他特定的生产工艺制造出来的集成电路，不包括任何种类的可编程逻辑。也就是说，ASIC 的实现可以采用以下几种方式之一：

- 门阵列；
- 标准单元；
- 全定制电路。

具体采用哪种实现方式，还要根据需要综合考虑多方面的因素，才能做出决定。

在选择 ASIC 实现方式时，主要考虑以下几点。

- 前端开发成本：包括设计工具、设计培训、咨询等方面的成本以及涉及 ASIC 工具方面的费用等；
- 设计时间：包括获得工具的时间，学习新设计流程的时间以及生成第一个样品的时间；
- 产品成本：产品的数量以及批量生产时的成本；
- 灵活性：对今后再设计的影响，当前的工艺是否支持微小的变动，还是需要重新设计。

这些是选择设计实现方式时通常需要考虑的。不同的实现方式有各自的优缺点，它们之间的比较如表 5.1 所示。

表 5.1　不同设计方法的比较

比较项	全定制	标准单元	门阵列	FPGA
使用多资源的困难	最高	中～低	中～低	最低
前端开发成本	最高	高	中	最低
掩膜成本	高	高	中～低	无
设计时间	最长	短	中～短	最短
再设计的灵活性	最低	低	中～低	最高
设计迭代	最高	高	中	最低
单个产品成本	最低	低	中	最高
PCB 成本	最低	低	低	高
布图效率与灵活性	最高	高～中	中～低	最低
I/O 灵活性	最高	高～中	中～低	最低
集成级别	最高	高	中	最低

从表 5.1 中可以看出，对于 ASIC 设计，选择标准单元和门阵列设计模式时，由于半定制方式和库的使用，相对全定制设计来说大大缩短了设计时间，但这两种设计方式在设计迭代和验证上需要花费较多的时间。

　　全定制设计的成本很高，设计周期较长，但由于每一个电路都是精心设计的，在很多方面其性能要优于标准单元和门阵列设计。

　　FPGA 设计在设计灵活性、开发成本以及开发时间方面都占有一定的优势，但其单片成本较高，且布图效率以及 I/O 端口的灵活性较差。

　　ASIC 设计时，除了考虑上述设计成本之外，还要考虑制造过程中影响其生产成本的一些因素，如每块晶片上的器件数、器件的引出脚数、封装工艺、制造工艺等。

　　对于 ASIC 来说，其前端设计成本一般较高，所需数量又很难达到使每块芯片成本降低到可以接受的程度，这一点往往对 ASIC 的设计和使用产生不利的影响。开始于 1980 年的 MOSIS（MOS Implementation System，MOS 加工服务体系）服务为 ASIC 的生产铺平了道路。该服务实际上是共享硅晶片服务，它专门负责大学、研究机构用户自行设计的 ASIC 芯片的小批量试投片。通过将不同用户的 ASIC 芯片拼凑在一个硅晶片上，使得 ASIC 的研制费用由于分摊而大大降低，从向 MOSIS 递交设计到收到加工好的样片，最短只要 2～3 周时间。

　　类似的这种服务，法国称之为 CMP（Circuit Multi-Projects），加拿大由 CMC（Canadian Microelectronics Corporation）提供，还有欧盟的 Europractice 计划，我国台湾的 CIC 计划，我国称之为多项目圆片（MPW）服务。借此，培养了大批集成电路设计人才，培育了众多的中小集成电路设计企业，成为先进集成电路产业创新与发展的基石。

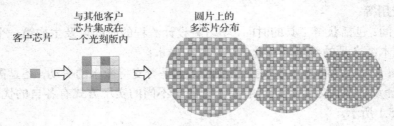

图 5.2　多项目晶圆

5.2　门阵列设计

　　门阵列技术是电子系统设计方法中常用的一种技术。这是由于它具有制造周期短、自动化程度高、价格便宜等优点。门阵列的典型结构是在芯片中央分布着预先制造好的晶体管，在它的四周也是预制好的输入、输出压焊块位置，有些门阵列结构中还留有固定的布线通道，参看图 4.1～图 4.3。这种由开发商提供的未经定义的晶体管分布结构称为母片或基片（Slice），用户功能的实现是通过专门没计的金属化互连来达到的。

　　门阵列制造成本的降低主要有以下几个因素：
- 母片的大批量生产，有利于降低单位芯片的制造成本；
- 只需 2～5 道掩膜工序，使掩膜成本降低；
- 高度自动化的布局、布线和测试工具使设计时间大大缩短；
- 标准的输出压焊块和封装模式使封装成本只需对几个金属层布线，使得处理时间最短；
- 在各种设计中均使用公共测试点使得测试成本较低。

5.2.1　门阵列母片结构

典型的门阵列母片结构有块单元结构、行单元结构和门海结构。我们将门阵列母片上一组固定几何尺寸的晶体管称为门阵列的基本单元，在块单元结构中，母片基本单元的周围都有一定的宽度。由于单元四周都有布线区域，因此，这种结构门阵列的布线能力较强，但布线区所占的面积也大。块单元结构门阵列示意图如图 5.3 所示。

行单元结构是门阵列应用得最为普遍的一种母片结构，其布线算法比较成熟，因而自动化水平较高，一般适用于中小规模门阵列电路设计（300 门～1500 门），如图 5.4 所示。

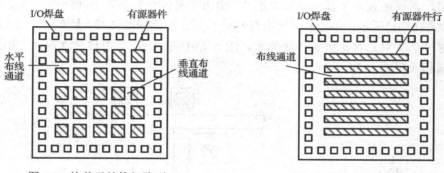

图 5.3　块单元结构门阵列　　　　图 5.4　行单元结构门阵列

行单元结构中的布线通道是由阵列分布的多晶硅构成的。一般水平线布在第一金属层上，垂直线布在第二金属层上（或相反），两层金属之间有绝缘层，并通过光刻生成两层之间的接触孔。

门海结构（Gate-Sea）是后来出现的一种门阵列结构。在这种结构中，基本结构单元在水平和垂直方向重复分布，占据整个阵列分布区，没有专门的布线区域，其外围输入/输出电路与其他两种结构类似，如图 5.5 所示。

由于门海结构中没有特定的布线区域，因此单元之间的互连是通过那些没有用上的晶体管来实现的，如图 5.6 所示。从图中可以看到，两个有源区之间的布线是从那些未用的晶体管上面穿过的，而其他两种结构的布线则被限制在布线区内进行，这一点是门海结构的最大特点。因此，它具有硅片利用率高、版图设计灵活性好的优点，一般用于万门以上电路的设计。但这种无布线通道的结构也给自动布线增加了难度。

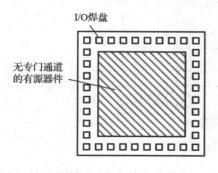

图 5.5　门海结构阵列

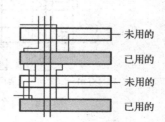

图 5.6　门海布线利用未使用的晶体管走线

5.2.2　门阵列基本单元的结构

构成门阵列基本单元的结构多种多样。图 5.7 给出了一种门阵列的基本单元,其中图 5.7(a) 是由两对共栅的 N-P MOS 管对组成的基本单元,总共 4 个管子,因此称为四管单元,图 5.7(b) 是四管单元的版图。这种未定义功能的单元就是门阵列的基本单元。整个门阵列芯片就是由 这种基本单元重复排列构成的。图 5.7 的基本单元采用了双层金属工艺,电源和地线分别由第 一层金属提供。由这样的单元电路就可以构成各种常用的基本功能单元。例如,用两个四管 单元电路通过适当的布线,可构成三输入与非门,见图 5.8。要想构成触发器或其他功能复杂 的逻辑电路,就要用到多个基本单元。图 5.9 给出了另外一种基本单元结构,它是六管单元, 其原理图如图 5.9(a)所示,其基本单元中有两种不同宽长比的晶体管,是专门为 D 触发器设计 的,因而这种基本单元容易构成存储单元。图 5.9(b)和(c)给出了由这种六管单元构成 D 触发 器的原理图和版图。

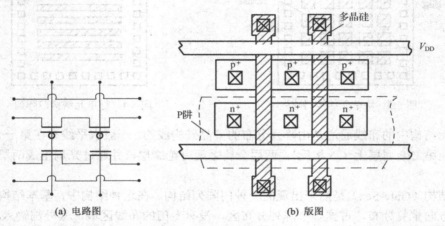

(a) 电路图　　　　　　　　　　　　　　　(b) 版图

图 5.7　四管基本结构单元

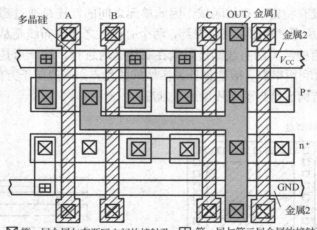

☒第一层金属与有源区之间的接触孔　⊞ 第一层与第二层金属的接触孔

图 5.8　两个四管单元构成的三输入与非门版图

通常,电路越复杂,所需的基本单元数也越多。表 5.2 所列为部分逻辑电路所需基本单元 数,其中的基本单元为六管单元。

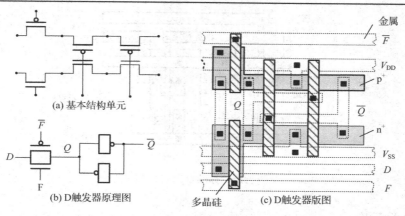

(a) 基本结构单元

(b) D 触发器原理图

多晶硅 (c) D 触发器版图

图 5.9 适合设计存储单元的基本结构单元

表 5.2 部分逻辑单元占用的基本单元数（六管单元）

逻辑单元名	使用内部单元数
三输入与非/或非门	1
四输入与非门/或非门	2
D 触发器（带 R 端）	4

5.3 标准单元设计

标准单元设计是从库中调用预先设计好的功能单元，按行排列，行与行之间留有一定的布线区域。这些功能单元一般外形为矩形，等高或几乎等高，宽度可以不同，如图 5.10 所示。除了电源、地以外的其他引出节点排列在单元的两边。随着 EDA 工具的发展，很多设计系统不仅支持单元高度相等的标准单元设计，还支持含宏单元的标准单元设计（见图 5.11），其中的宏单元可按一定规律设计为不同的高度。这种含宏单元的设计方式在规模较大的电路设计中更加灵活方便，提高芯片的利用率并可使设计更加合理，当然，这种设计方式的复杂性也高于一般的标准单元设计。

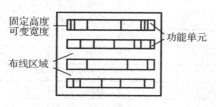

图 5.10 标准单元设计中的行与布线区域

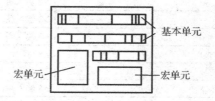

图 5.11 含有宏单元的标准单元设计

通过自动布局/布线算法将这些单元成行排列并实现互连。由于单元行之间的布线通道宽度可根据实际需要进行调整，因此标准单元设计在电路性能、芯片利用率以及灵活性等方面的性能均优于门阵列。

但由于其需要全套的掩膜版及全部工艺过程才能生产出来，因此其生产周期及成本要高于门阵列。图 5.12 所示为标准单元的版图，可以看到版图分为单元区和布线区，处于单元区的两个单元等高，单元之间的连线则通过布线区实现。

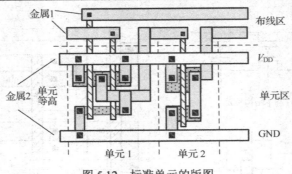

图 5.12　标准单元的版图

5.3.1　标准单元库

标准单元设计中库的作用很大。一般支持标准单元设计的 EDA 工具都含有单元符号库、版图库及仿真库等内容丰富的库可供选择调用，库中所包含的模块主要有以下几大类：

- 小规模逻辑电路（SSI），如 nand、nor、xor、invert、buffer、register 等；
- 中规模逻辑电路（MSI），如译码器、加法器、比较器等；
- 数据通道，如 ALU、移位器、总线等；
- 存储器，如 RAM、ROM 等；
- 系统级模块，如多路器、微控制器、RISC 内核等。

表 5.3 列出了典型的 SSI 标准单元库的内容。

标准单元库中的每个单元都提供三个方面的描述：①由单元符号库与功能库提供的逻辑符号与功能方面的描述，如单元名称、符号等；②由拓扑单元库提供的版图的抽象描述，包括单元版图的高度、宽度、输入/输出口的位置等；③由版图单元库提供的精确的版图信息描述。

表 5.3　典型的 SSI 标准单元库

类型	输入变量	选择
反向器/缓冲器/三态缓冲器		高、普通、低功耗
nand/and	2-8 输入端	高、普通、低功耗
nor/or	2-8 输入端	高、普通、低功耗
xor	2-3 输入端	高、普通、低功耗
xnor	2-3 输入端	高、普通、低功耗
aoi（与或非）		高、普通、低功耗
oai（或与非）		高、普通、低功耗
多路器	2-8 输入端，取反/不取反	高、普通、低功耗
全加器/半加器	正常，快速	高、普通、低功耗
锁存器	D，异步/同步，清零/置位，扫描	高、普通、低功耗
寄存器	D，JK，异步/同步，清零/置位，扫描	高、普通、低功耗
I/O 压焊点	输入，输出，三态，双向，边界扫描	电流选择范围为 1～16mA

5.3.2　标准单元设计流程

标准单元设计过程一般先给出设计的定义和规范，然后进行设计输入，即通过编辑器输入原理图或 Verilog/VHDL，之后进行初始仿真，或称为前仿真，以便验证所设计的电路的功能是否正确。在前仿真正确的基础上采用 EDA 工具进行综合，综合时可以在面积、速度和功耗等方面加以约束。之后，如果需要的话还要实现测试的插入，以便实现可测性设计。综合之后的仿真称为门级仿真，这个时候电路已经与工艺相关了，其中的门都来自指定的工艺库。若门级仿真不满足设计要求则需要对设计进行修改。至此，就完成了前端设计。后端设计包括布局规划、布局、时钟树生成、布线和时序验证，以及版图原理图比较（LVS）和设计规则检查（DRC）等。后端设计同样是在工艺库的支持下进行的，通过这些步骤就能完成标准单元的设计，最后输出掩膜版图和相应的测试向量提供给厂家用于生产。图 5.13 为标准单元设计流程。

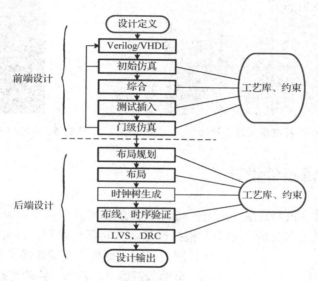

图 5.13　标准单元设计流程

5.3.3　标准单元设计中的 EDA 工具

　　在进行标准单元设计尤其是后端设计时，需要将单元库中的元件合理地安放在各个行上，并实现这些元件之间的互连和与电源/地的连接。当电路规模较大时，上述布局/布线的工作量很大，因此，实际设计时通常采用 EDA 工具完成。图 5.14 给出了标准单元的各个设计阶段所使用的 EDA 工具。首先用原理图或 HDL 代码进行电路设计，然后将其输入至逻辑综合工具进行逻辑综合，逻辑综合通常采用 Synopsys 公司的综合工具 Design Analyzer。逻辑综合之后以及布局布线之后一般都要进行仿真，仿真工具有 Cadence 公司的 Verilog-XL/NC-Verilog 和 Synopsys 的 VCS，

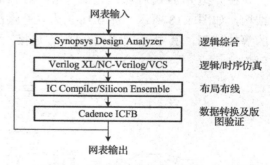

图 5.14　标准单元设计中的 EDA 工具

两者都是设计者常用的仿真工具。后端设计中的布局/布线通常采用 Synopsys 的 Astro 或 IC Compiler，也可采用 Cadence 的 Silicon Ensemble，布局布线后的结果通常要导入 Cadence 的版图工具 ICFB 中进行数据转换和版图验证。版图验证工具大部分都采用 Cadence 的 Calibre

完成。在这些工具的帮助下，设计者可以在较短的时间内完成一个中等以上规模的标准单元电路的设计。

图 5.15 给出了一个标准单元设计实例，图 5.16 是设计中用到的标准单元库中的一个三输入与非门版图。

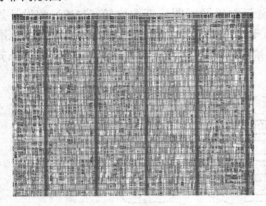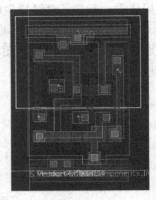

图 5.15　一个标准单元设计示例　　　　　图 5.16　标准单元库中三输入与非门版图

5.4　可编程逻辑器件设计

可编程逻辑器件（PLD）是 20 世纪 80 年代发展起来的一种半定制电路，PLD 设计是指用户在厂家提供的通用芯片的基础上，根据设计需要对器件编程，再通过专门的写入器将程序、网表等写入器件，实现电路的具体功能。

可编程逻辑器件根据电路的复杂程度可以分为 SPLD（简单 PLD）和 HCPLD（高容量 PLD）两大类。其中 SPLD 又包含 PLA（可编程逻辑阵列）和 PAL（可编程阵列逻辑）等，而 HCPD 主要包含 CPLD（复杂 PLD）和 FPGA（现场可以编程门阵列），见图 5.17。

图 5.17　PLD 的分类

在介绍 PLD 编程原理之前，先介绍 PLD 的简化表示。PLD 的缓冲器采用的是互补输出结构，如图 5.18 所示。图 5.18(a)为互补输出结构及连接方式定义，图 5.18(b)为与门和或门的等效表示，其中"×"表示可编程连接，"·"表示硬连接，无上述两点的地方表示无任何连接。

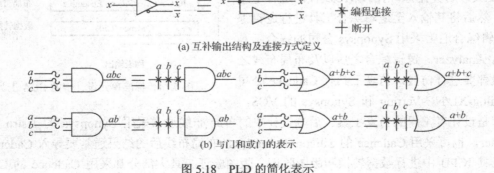

(a) 互补输出结构及连接方式定义

(b) 与门和或门的表示

图 5.18　PLD 的简化表示

5.4.1 可编程器件的编程原理

可编程器件的编程工艺主要有：

（1）熔丝编程：用熔丝作为开关元件，未编程时它们处于连通状态；加电编程时，根据设计将对应的熔丝烧断。

（2）反熔丝编程：用逆熔丝作为开关元件，未编程时元件处于开路状态；加电编程时，反熔丝元件将由高阻抗变为低阻抗，实现两点间的连接。上述两种工艺都是一次性编程，灵活性不够。

（3）紫外线擦除电可编程：以浮栅 MOS 管为基础，编程数据可在紫外线下擦除，可重复编程。缺点是其重新改写时须将器件拆下，在专门的编程器上进行改写。但由于其价格较低、使用方法较简单，所以现在还在使用。

（4）电可擦除电可编程：在加电情况下可以直接改写，不需要专门的编程器，可重复写入或擦除。

（5）SRAM 编程：基于 SRAM 查找表结构，是 FPGA 中采用的主要编程工艺。编程信息由 SRAM 保存，断电后信息丢失，需重新配置。

图 5.19 给出了浮栅 MOS 管的结构及其符号表示。在普通 MOS 管的栅与沟道之间插入一多晶硅层，称为浮栅。通过浮栅，MOS 管的阈值电压 V_T 得以改变，从而实现编程。图 5.20 给出了浮栅管的编程原理。当在源与栅漏之间施加 15～20V 的编程电压时，参见图 5.20(a)，漏源方向强电场会引发雪崩效应，电子获得足够的能量，借助栅源电压而穿过 SiO$_2$ 进入浮栅。因此，浮栅晶体管也称为浮栅雪崩注入 MOS 管。当浮栅上的电子积累时，也降低了氧化层上的电场，最后会达到平衡。这时如果撤去外电压，浮栅上将为负电位，如图 5.20(b)所示，这就相当于加大了 MOS 管的 V_T。若这时仍然加上 5V 的电源电压，如图 5.20(c)所示，由于浮栅上的负电荷，MOS 管不会导通，处于截止状态。为了使 MOS 管导通，需要施加更高的电压以克服浮栅上负电荷的影响。

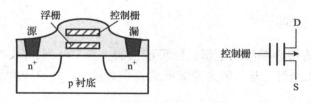

图 5.19 浮栅 MOS 管结构与符号

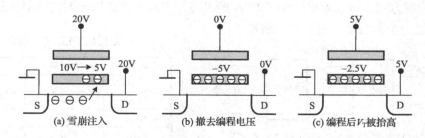

图 5.20 浮栅 MOS 管工作原理

当紫外线擦除或电擦除后，浮栅上的电子泄漏，这时浮栅不起作用，MOS 管在控制栅的作用下正常工作。

E^2PROM 的内部电路与 EPROM 电路类似，但其中的结构进行了改进，采用了一种浮栅隧道 MOS 管，图 5.21 所示为其结构和符号。由图可见，在浮栅上增加了一个遂道二极管（实际上是在浮栅与 N 型衬底形成一层薄薄的氧化层后形成的），编程时通过在栅漏极施加高电压，电子会由于隧道效应穿过氧化层流向浮栅；而擦除时可使电荷通过它流向漏极，这样不需要紫外光激发放电，即擦除和编程只须加电就可以完成了，且写入的电流很小。

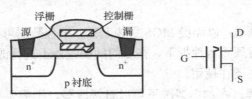

图 5.21　浮栅隧道 MOS 管的结构与符号

下面以浮栅 MOS 管为例说明如何用 PLD 实现"线与"逻辑。参见图 5.22(a)，未编程时，A、B 和 C 中只要任何一个输入为"1"，输出 F 就被下拉到"0"。编程后假设要实现的线与逻辑为 $F = A \cdot \bar{B} \cdot C$，则通过编程可使连接 A、$\bar{B}$ 和 C 的浮栅管断开（图 5.22(b)中用虚线圈出），即可实现 $F = \overline{\bar{A} + B + \bar{C}} = A \cdot \bar{B} \cdot C$。

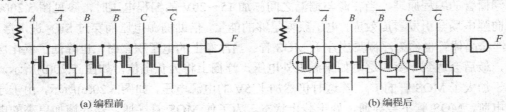

图 5.22　浮栅管编程实现"线与"逻辑

5.4.2　典型的 PLD 器件

可编程逻辑器件的核心是阵列逻辑，由可编程的"与"阵列和/或"或"阵列构成，如图 5.23 所示，N 个输入通过"与"阵列能够得到 P 个乘积项，这 P 个乘积项加到"或"阵列后得到 M 个输出。

不同类型的 PLD 器件的"与"、"或"阵列的可编程性也是不一样的。表 5.4 总结了几种 PLD 器件的编程方式。可以看出，除了 PLA 的"与"阵列和"或"阵列均可编程外，其他类型的 PLD 都是一个为固定，另一个可编程。

表 5.4　PLD 的编程方式

器件	与阵列	或阵列
PROM	固定	可编程
PLA	可编程	可编程
PAL	可编程	固定
GAL	可编程	固定

图 5.23　PLD 器件的"与"阵列和"或"阵列

（1）PROM：其结构为固定的"与"阵列，可编程的"或"阵列。假设 ROM 中包含 2^n

个 m 位的字，则输入为 n 位，输出为 m 位，如图 5.24(a)所示。图 5.24(b)则给出了要实现电路的真值表及对应的 PROM 连接方式。

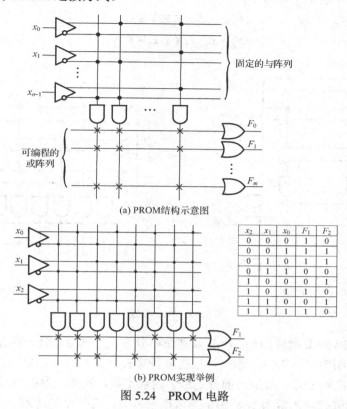

(a) PROM结构示意图

x_2	x_1	x_0	F_1	F_2
0	0	0	1	0
0	0	1	1	1
0	1	0	1	1
0	1	1	0	0
1	0	0	0	1
1	0	1	1	0
1	1	0	0	1
1	1	1	1	0

(b) PROM实现举例

图 5.24 PROM 电路

（2）PLA：其结构为"与"、"或"阵列都可编程，如图 5.25(a)所示。图 5.25(b)给出了一种采用 PLA 实现两个输出函数 F_1 和 F_2 的实例：

$$F_1 = x_0 x_1 + x_0 \bar{x}_2 + \bar{x}_0 \bar{x}_1 x_2$$
$$F_2 = x_0 x_1 + \bar{x}_0 \bar{x}_1 x_2 + x_0 x_2$$

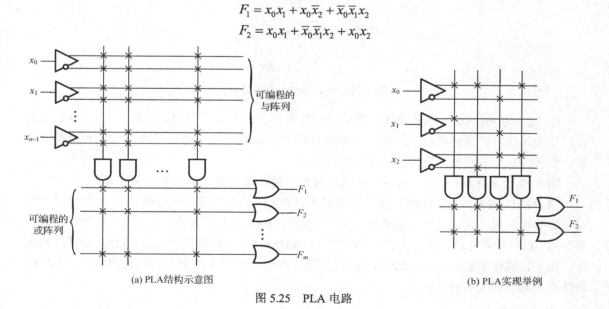

(a) PLA结构示意图

(b) PLA实现举例

图 5.25 PLA 电路

（3）PAL：其结构为"与"阵列可编程，"或"阵列固定，如图 5.26(a)所示。图 5.26(b)给出的是一个 PAL 实现例子。其中，

$$F_1 = x_0 x_2 + \overline{x}_0 \overline{x}_2 + \overline{x}_1 \overline{x}_2$$
$$F_2 = x_0 \overline{x}_1 \overline{x}_2 + \overline{x}_0 x_2 + \overline{x}_0 x_1$$

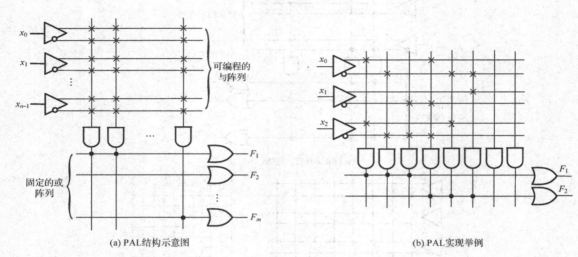

(a) PAL结构示意图　　　　　(b) PAL实现举例

图 5.26　PAL 电路

下面介绍实际的 PAL 器件结构。PAL 器件命名分为三个部分：第一部分是 PAL 的最大阵列数；第二部分说明输出的类型，输出类型有多种选择，如组合逻辑输出、寄存器输出、输出高电平以及输出低电平等；最后一部分是最大的输出数。例如，参照图 5.27 所示的命名规范，PAL16L8 表示阵列输入数为 16，输出为低电平有效，有 8 个输出端。

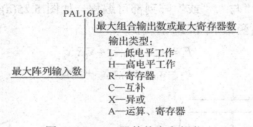

图 5.27　PAL 器件的命名规范

图 5.28 为 PAL16L8 的逻辑图，其中"或"阵列的各个或门已固定连好，"与"阵列的垂直线与输入信号的原码和反码相连，水平线对应"乘积项"，垂直线与水平线交叉处由熔丝相连，编程时只要根据要求将对应的熔丝熔断即可。

图 5.29 为 PAL16R8 的逻辑图，其输出有 8 个寄存器，因此可以实现时序逻辑。

（4）GAL：GAL 器件与 PAL 的阵列逻辑形式相同，只是采用高性能的 CMOS 替代了 TTL 双极型熔丝工艺。因此，可以说 GAL 器件出现后，PAL 器件已完全可以被 GAL 器件替代。图 5.30 为 GAL 器件的结构示意图，其"与"阵列可编程，"或阵列"固定。GAL 器件的最大特点在于它的输出宏单元（OLMC），它通过浮栅 MOS 管编程来控制电路的输出形式，使 GAL 的性能和灵活性大大提高。

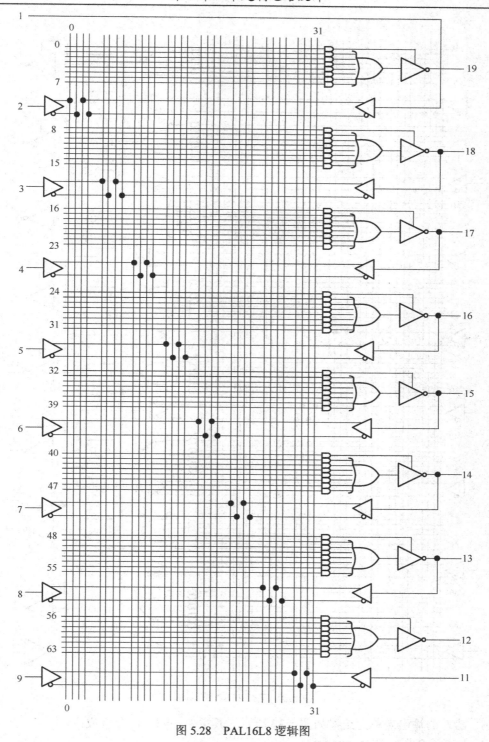

图 5.28　PAL16L8 逻辑图

图 5.31 所示为 GAL16V8 的电路结构。它由可编程的"与"阵列和固定的"或"阵列、8 个输入缓冲器和 8 个 OLMC 组成。

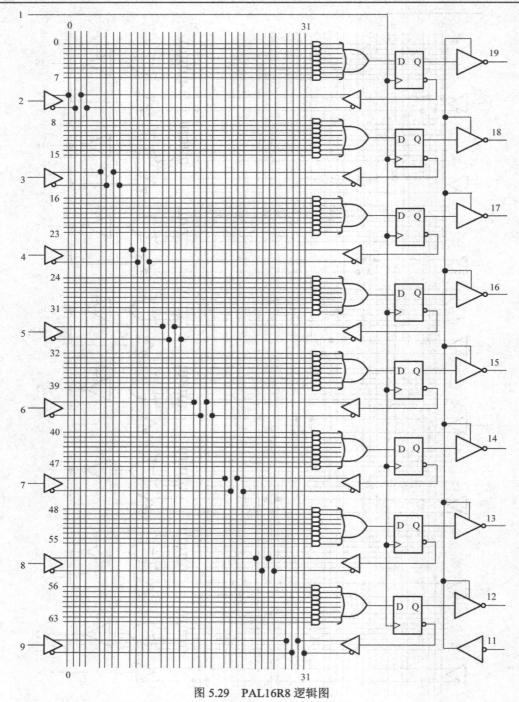

图 5.29　PAL16R8 逻辑图

GAL 器件的输出宏单元结构如图 5.32 所示。其主要由四个部分组成：

（1）乘积项多路选择器（PTMUX）；

（2）输出多路选择器（OMUX）；

（3）输出使能控制多路选择器（TSMUX）；

（4）反馈信号多路选择器（FMUX）。

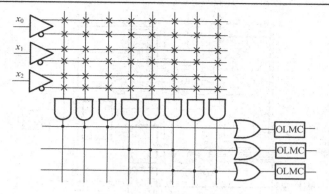

图 5.30　GAL 结构示意图

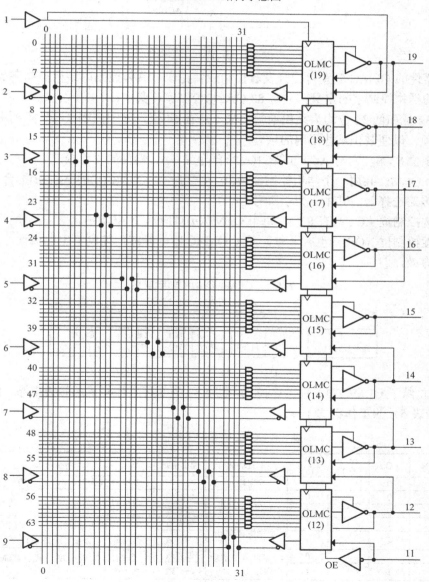

图 5.31　GAL16V8 的逻辑图

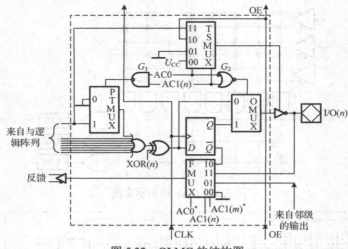

图 5.32　OLMC 的结构图

GAL 器件的 OLMC 配置可由开发软件和硬件完成，具体控制由结构控制字实现。表 5.5 为 OLMC 的结构控制字的定义，共有 82 位结构控制字。其中：

- 高 32 位和低 32 位均为乘积项禁止位，共有 64 位，分别控制"与"阵列中的 64 个乘积项，以便禁止某些不用的项。
- 同步位 SYN，它与 AC0 和 AC1(n)配合确定 GAL 器件的工作模式。
- 8 个 OLMC 共用一个结构控制位 AC0，它与各个 OLMC(n)的 AC1(n)配合，控制内部的多路选择器，其中 n 为引脚号。
- 结构控制位 AC1 共有 8 位，每个 OLMC(n)对应一个 AC1(n)。
- 极性控制位 XOR(n)也有 8 位，通过 OLMC 中的异或门控制输出的极性，为 1 时高电平有效。

表 5.5　OLMC 结构控制字定义

PT63～PT32						PT31～PT0
乘积项禁止位(82位)	XOR(n)(4位)	SYN(1位)	AC1(n)(8位)	AC0(1位)	XOR(n)(4位)	乘积项禁止位(32位)
	12～15		12～19		16～19	

表 5.6 总结了 OLMC 的 5 种工作模式。图 5.33 为 5 种工作模式的等效电路，图 5.33(a)～(e)分别对应表 5.6 的工作模式 1～5。

表 5.6　GAL 的 5 种工作模式总结

No	SYN	AC0	AC1(n)	XOR(n)	配置功能	输出极性	备注
1	1	0	1	/	专用输入	/	1 脚和 11 脚为输入，被组态的三态门不通
2	1	0	0	0	专用组合输出	低有效	1 脚和 11 脚为数据输入，三态门总是选通
	1	0	0	1		高有效	
3	1	1	1	0	反馈组合输出	低有效	1 脚和 11 脚为数据输入，三态门的选通信号是第 1 乘积项，反馈信号取自 I/O
	1	1	1	1		高有效	
4	0	1	1	0	时序电路中的组合输出	低有效	1 脚=CK，11 脚=$\overline{OE}$，其余 OLMC 至少有一个是寄存器型
	0	1	1	1		高有效	
5	0	1	0	0	寄存器输出	低有效	1 脚=CK，11 脚=$\overline{OE}$
	0	1	0	1		高有效	

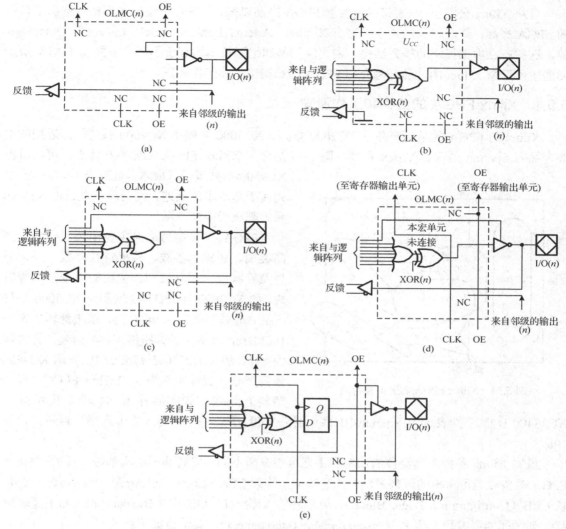

图 5.33　GAL 5 种工作模式的等效电路

5.5　FPGA 设计

　　FPGA（Field Programming Gate Array）称为现场可编程门阵列，是近年来出现的广受欢迎的可编程器件。由于它兼有可编程器件和门阵列设计两种设计模式的优点，一经出现，立即受到世界范围内电路设计人员的广泛关注和普遍欢迎。

　　FPGA 可以看成门阵列派生出来的一个分支，属于半定制电路。与普通门阵列不同的是，FPGA 的布局、布线可由用户现场完成，并可反复编程和使用。从 1985 年推出世界上第一个 FPGA 器件开始，在短短十几年时间内，FPGA 单片密度和工作频率都得到了迅速增加，从刚开始的几百门到今天已经出现了上百万门的 FPGA，工作频率已超过 200MHz。同时，FPGA 的销售价格却不断下降，与 FPGA 设计相配套的开发软件也在不断完善和更新，功能日益增强。这一切使得 FPGA 的销售量不断增长。

自从 Xilinx 公司于 1985 年推出首批 FPGA 产品以来, 各芯片制造公司都相继推出了自己的 FPGA 产品, 影响较大的几个厂家有 Xinlinx、Altera、Lattice、Actel、Lucent 和 Quicklogic 等, 这些产品内部模块的排列结构、逻辑块类型和编程技术均有所不同。下面以 FPGA 最主要的生产厂家 Xilinx 的产品为例介绍 FPGA 的结构特点和工作原理。

5.5.1 Xilinx FPGA 的结构和工作原理

Xilinx 的 FPGA 的早期产品有 XC2000 系列、XC3000 系列和 XC4000 系列等, 近期的主要产品有 Spartan 系列和 Virtex 系列。图 5.34 给出了 Xilinx FPGA 的分类和特点, 可以看出 XC9500 系列属于低成本、低速产品, Virtex 系列属于高成本的高速、高密度产品, 而 Spartan 系列则属于中档产品。

FPGA 产品型号命名主要由公司代号、产品类别、逻辑门参数、频率特征参数、封装类型及管脚数、工艺级别、使用的温度范围等组成。如 XC3090-100PG84B 表示为 XC3000 系列产品, 等效逻辑门为 9000 门, 单级翻转速率为 100MHz, PGA (引脚栅格阵列) 封装, 管脚数为 84, B 级品。XC4005-125PC84C 表示 XC4000 系列产品, 翻转频率为 125MHz, PLCC (扁平塑料) 封装, 管脚同样为 84 个, 民用品。

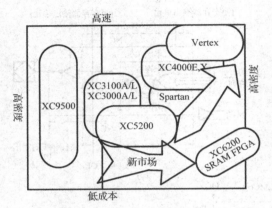

图 5.34　Xilinx FPGA 的分类和特点

XC3S400-PQ208 则表示为 Spartan-III 系列器件, 40 万等效门, PQ (方形扁平) 封装, 管脚 208 个。

虽然 Xilinx 各种系列器件的结构和工艺可能有所不同, 但其基本结构都是一样的。Xilinx FPGA 的核心是可重构的阵列逻辑, 其逻辑单元阵列 LCA (Logic Cell Array) 包括可配置逻辑块 CLB (Configuration Logic Block)、可编程输入/输出块 IOB (IO Blocks) 和分布于逻辑块行、列之间的可编程互连 PI (Programmable Interconnect)。其特点如下:

- 可配置逻辑块灵活的阵列逻辑结构, 用户可以通过编程逻辑单元来确定每个逻辑单元块实现的功能;
- I/O 功能可定义, 即用户可通过编程选择输入/输出电路的功能与形式;
- 互连资源可编程, LCA 内部逻辑块之间、内部逻辑块与 I/O 单元之间的互连资源都可通过程序控制, 因而其布线灵活;
- 对编程后的电路可进行 100% 的测试;
- 采用内部 SRAM 存放编程数据, 而不是用熔丝或浮栅 CMOS。

选择 FPGA 的型号时主要从以下几个方面考虑:

- 逻辑单元数;
- 芯片的最大工作速率;
- 一些特殊的功能块 (如 DLL、全局时钟) 的数量;
- 是否有乘法器、DSP 或微控制器内核等特殊功能模块;
- 片上存储器的类型及大小;

● I/O 引脚的个数和对各种接口标准的适配性。

表 5.7 给出了 Xilinx Virtex-E 系列中各种产品的基本规格。

表 5.7 Xilinx FPGA 的产品规格（Virtex E 系列）

产品	系统门	逻辑门	CLB 阵列	逻辑单元	差分 I/O 对	用户 I/O	BlockRAM 位数	分布式 RAM 位数
XCV50E	71 693	20 736	16×24	1 728	83	176	65 536	24 576
XCV100E	128 236	32 400	20×30	2 700	83	196	81 920	38 400
XCV200E	306 393	63 504	28×42	5 292	119	284	114 688	76 264
XCV300E	411 955	82 944	32×48	6 912	137	316	131 072	98 304
XCV400E	569 952	129 600	40×60	10 800	183	404	163 840	153 600
XCV600E	985 882	186 624	48×72	15 552	247	512	294 912	221 184
XCV1000E	1 569 178	331 776	64×96	27 648	281	660	393 216	393 216
XCV1600E	2 188 742	419 904	72×108	34 992	344	724	589 824	497 664
XCV2000E	2 541 952	518 400	80×120	43 200	344	804	655 360	614 400
XCV2600E	3 263 755	685 584	92×138	57 132	344	804	753 664	812 544
XCV3200E	4 074 387	876 096	104×156	73 008	344	804	851 968	1 038 336

举例来说，XCV600E 芯片的等效门为 60 万门，CLB 阵列为 48×72，即 48 行 72 列，有逻辑单元 15 552 个，用户输入/输出数最大为 512 个，块状 RAM 和分布式 RAM 的容量分别为 294Kb 和 221Kb。

图 5.35 为 Xilinx FPGA 器件结构的示意图。由图可见，由 CLB 组成的逻辑块以二维阵列形式分布于芯片的中央，芯片四周是由 IOB 组成的接口电路，PI 分布于逻辑块阵列之间。共有三种连线资源可以利用，它们是可编程互连开关矩阵、内部连线和长线。这种多种连线资源增加了布线的灵活性，使得布线更为简单方便。

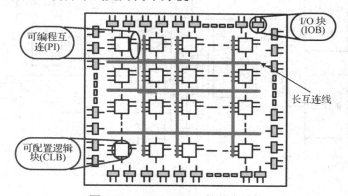

图 5.35 Xilinx FPGA 的基本结构

图 5.36(a)为 Xilinx Virtex-II FPGA 的结构，可以看到其块状 RAM（BRAM）在 CLB 阵列之间排放，这样做的目的是通过拉近存储器与控制逻辑的距离，加快从 BRAM 中读写数据的速度。另外，其延迟锁定环（DLL）安排在芯片的下方。图 5.36(b)为 Spartan-II FPGA 的结构，与前一种不同的是，其 BRAM 和 DLL 分布在芯片的四周和四个角上。

1. 可配置逻辑块

可配置逻辑块 CLB 主要由可编程组合逻辑和触发器构成。不同的系列，每个 CLB 中包含的组合逻辑数、输入/输出数和触发器个数是不同的。如图 5.37 所示是 XC4000 系列的 CLB

结构图，其中有 3 个函数发生器（Function Generator），分别为 G、F 和 H。这种基于查找表（LUT）结构的函数发生器可以实现下面任意一种逻辑功能：

- 最多 4 变量的两个独立的任意逻辑函数；
- 最多 4 变量任意逻辑函数与 5 变量部分确定逻辑函数；
- 最多 9 变量的部分确定的逻辑函数功能。

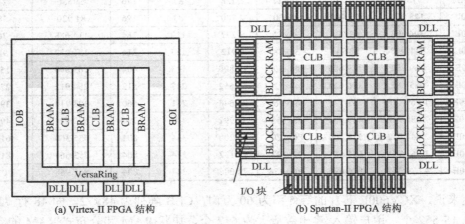

(a) Virtex-II FPGA 结构　　　　(b) Spartan-II FPGA 结构

图 5.36　两种 Xilinx FPGA 结构

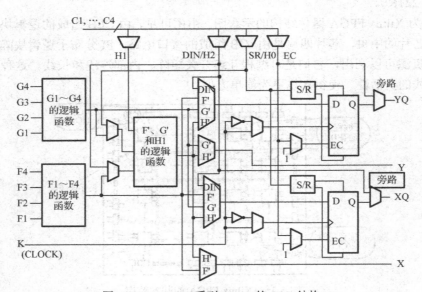

图 5.37　XC4000 系列 FPGA 的 CLB 结构

XC4000 系列 CLB 的逻辑输入有 F1～F4、G1～G4 以及来自 CLB 外部的 H0～H2。输出有 4 个，即 X、Y、QX 和 QY，分别为组合逻辑输出和寄存器输出，其中，F' 和 H' 连接到 X（QX），而 G' 和 H' 连接到 Y（QY）。除了具有较多的独立输入/输出使得组合逻辑功能得以增强之外，它的快速进位逻辑可以方便地实现数据通道的操作，如加、减、移位等操作，用处很大。其他控制信号包括：

- EC：时钟使能信号；
- SR：异步置位/复位信号；

● DIN：外部直接输入信号。

图 5.38 给出了 Virtex-E 系列 FPGA 的 CLB 结构，与 4000 系列相比，可以看出它在每个 CLB 中有两片（Slice），每个 Slice 均包含两个四输入的 LUT（即 F 和 G）、两个进位逻辑 Carry 和两个 D 触发器。

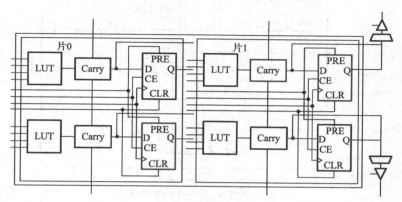

图 5.38　Virtex-E 系列 FPGA 的 CLB 结构

CLB 中的逻辑功能是由基于 LUT 的函数发生器实现的，LUT 实际上是一个有 K 个输入 的大小为 2Kb 的 SRAM，可以实现任意 K 输入的逻辑函数。图 5.39(a)所示为一个两输入 LUT 结构，图 5.39(b)为两输入 LUT 实现逻辑函数 $F_1 = \overline{x_1}\overline{x_2} + x_1 x_2$ 时的具体配置。具体做法是：首 先画出两输入 LUT 的基本结构，其中，存储单元数为 4(=2K)个，二选一多路器为 2(=K)级， 并且用高位信号控制靠近输出端的多路器，低位信号控制离输出端较远的多路器；然后根据 函数表达式列出 F_1 的真值表；最后将 F_1 的值顺序填入相应的 SRAM 单元即可。

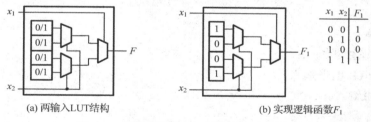

(a) 两输入LUT结构　　　　　(b) 实现逻辑函数F_1

图 5.39　基于两输入 LUT 的函数发生器

再举一个例子，要想实现逻辑函数 $Z = AB + \overline{A}C$，因为输入数为 3，因此可选用三输入 LUT。首先，画出三输入 LUT 的基本结构，然后根据逻辑表达式求出真值表，最后将 Z 对应 的值填入三输入 LUT 的 SRAM 中，见图 5.40。

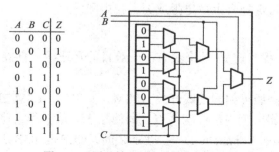

图 5.40　用三输入 LUT 实现逻辑函数

2. IOB 结构

分布于芯片四周的可编程 I/O 用作 FPGA 内部信号与外部信号的接口，通过灵活的编程方式实现不同的功能，满足不同逻辑接口的需要。图 5.41 给出的是 IOB 的结构图。

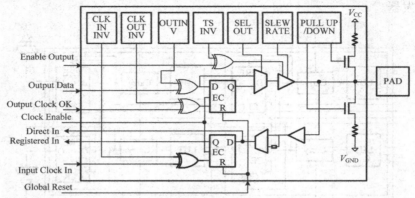

图 5.41　Xinlinx FPGA 的 IOB 结构

从图中可以看到，当 IOB 工作在输入接口方式时，外部信号经过 I/O 焊盘到达输入缓冲器，输入缓冲器根据需要将输入的 TTL 或 CMOS 电平转换为内部逻辑电平。经过阈值转换后的信号可直接输入也可通过 D 触发器后进入芯片内部。

当 IOB 用作输出接口时，来自芯片内部的信号可直接经过输出缓冲器输出，也可经过 D 触发器后再输出。同时，输出缓冲器也有几种输出方式可供选择，如三态输出选择，输出速度选择有快速和慢速两种。除此之外，对存储单元还提供全局复位信号。

对 5 个输入/输出方式控制位的编程，其输入/输出共有以下几种方式可供选择：

输入方式：

● 直接输入；
● 触发器/锁存器输入；
● CMOS/TTL 电平输入；
● 上拉电阻输入。

输出方式：

● 输出反相控制，可将内部信号反相输入；
● 三态控制，可将 IOB 的输出缓冲器设置为高阻或导通态；
● 直接输出或寄存器输出控制，可直接输出也可经寄存器输出；
● 转换速度控制，可使输出以全速转换方式工作；
● 上拉电阻控制，可选择有上拉电阻或无上拉电阻。

3. 可编程互连

Xilinx FPGA 中可编程互连 PI 的资源有：一般目的互连线、直接互连线、长线和内部总线等，见图 5.42。

● 一般目的互连线是经可编程连线开关（PSM）实现的。PSM 分布在 CLB 之间，由程序控制来实现逻辑阵列内部任意两点之间的互连。未编程之前，开关是不导通的。
● 直接互连线（Direct Connection）是 CLB 之间、CLB 与 IOB 之间最有效的连线方式，用于减小关键信号互连线的延迟时间。

- 长线（Long Line）分为水平长线和垂直长线两种，用作远距离信号和对漂移量要求严格的信号之间的互连。
- 每个 CLB 的两侧有一对三态缓冲器，这些三态缓冲器可直接驱动水平长线。由三态缓冲器控制的逻辑可以实现"线与"功能。

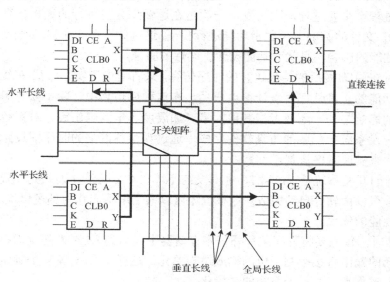

图 5.42　Xilinx FPGA 的布线资源

5.5.2　Xilinx FPGA 的设计流程

为了推动 FPGA 产品的使用，方便广大用户的设计，各 FPGA 厂家在推出自己产品的同时，都提供给用户各自产品的套装开发软件，且各具特色，由此也进一步推广了 FPGA 的应用发展。下面结合 Xilinx 公司的 FPGA 开发系统，介绍 FPGA 的设计流程。

Xilinx FPGA 的设计流程如图 5.43 所示。设计输入阶段主要是用户根据设计需要利用各种设计手段完成用户电路的逻辑设计，所采用的输入方式可以是基于原理图的图形输入，也可以是利用 VHDL 或 Verilog 等硬件描述语言输入。将原理图格式转换成 Xilinx 的 XNF 网表格式，语言输入方式也要经过综合器的综合变成适合用 Xilinx FPGA 实现的 XNF 网表，才能为 Xilinx FPGA 开发系统所接受，进入后面的设计实现阶段。

设计实现阶段可采用自动实现方式，也可采用手工编辑实现方式，其主要任务有：

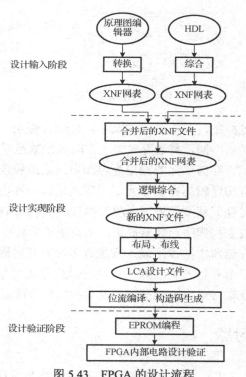

图 5.43　FPGA 的设计流程

- 合并：多个 XNF 文件的合并生成单层结构网表；
- 逻辑划分：将 XNF 网表逻辑划分到各个逻辑阵列的 CLB、IOB 和缓冲器中；
- 布局/布线：利用布局/布线工具完成布局和布线工作；
- 生成位流文件或 EPROM 文件。

整个设计过程至少要进行两次仿真，一次是在逻辑划分前进行的逻辑仿真，主要是在合并处理后的 XNF 文件的基础上对逻辑功能进行验证，这时并不考虑布局/布线及不同划分结果对时延等系统性能的影响，只是对功能设计正确性的验证。

第二次是对布局/布线后的结果进行的时序仿真，只有考虑了实际布局/布线结果后的仿真才能保证芯片功能的正确性，使设计得以成功。在这种后仿真中，除了要考虑不同的布线结果对电路性能的影响之外，还要考虑其他因素（如温度、电源电压等）对系统性能的影响。仿真验证可用开发系统中配备的仿真软件完成，通过观察各网络的时序图及跟踪网络某节点的逻辑值的变化来实现时序仿真。

Xilinx 目前的开发系统是 ISE14.7，在其支持下，FPGA 从设计输入到配置文件下载的整个设计实现过程可以由软件自动完成。该系统还可以人工编辑芯片内部逻辑块的布局、布线，从而实现电路性能的优化。

FPGA 工作时，首先要将程序从片外程序存储器中读入到 LCA 内部重构存储器阵列内，重构存储器单元的输出直接控制指定的构成逻辑单元，这样 FPGA 就有了确定的功能。这种重构程序的装入过程有点类似于系统的初始化。

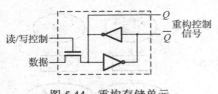

图 5.44　重构存储单元

FPGA 的重构存储器是由高可靠、抗噪声的静态存储器单元组成的，从而可以保证电路工作的可靠性。与其他可编程器件相比，LCA 器件可提供高密度、高性能、高可靠性的逻辑电路。

图 5.44 给出了 LCA 内部重构存储器单元电路。它由两个 CMOS 反相器和一个传输管构成，传输管受读/写信号控制，正常工作情况下，传输管截止，存储单元提供连续的重构控制信号。这与一般的存储器不同，普通存储器工作时要频繁地对存储单元进行读写操作。

存储单元的输出为电源电压或地线逻辑电平，且直接提供连续的控制信号。除此之外，重构逻辑的存储单元还无需地址译码和电平放大器，因而是高可靠的单元。存储单元的结构可保证其不受外部电源的飘移和高能量α粒子辐射的影响。内部重构逻辑所需编程信息由内嵌式重构程序存储器提供。重构逻辑的程序可由 Xilinx 公司的开发系统 ISE 直接装入内部重构存储器中，程序装入方法有多种方式可选，其中有两种采用串行方式装入，另有三种采用按字节并行方式装入。重构逻辑的方式仅与编程有关，与用户实现的具体逻辑无关。多种重构逻辑方式为用户提供了灵活的编程方法以满足不同设计需要。

习题

5.1　试简述门阵列的基本结构与设计步骤。

5.2　什么是门阵列的母片和基本结构单元？试用图 5.8 所示的四管基本结构单元设计下面的逻辑函数，画出对应的版图。

（1） 四输入与非门

（2） $F = \overline{AB + CD}$

5.3 试简述标准单元设计的主要步骤、标准单元库包含哪些内容，以及在设计中起什么作用。

5.4 标准单元设计中采用的 EDA 工具有哪些？各完成什么功能？

5.5 试写出图 5.55 中 F_1 和 F_2 的逻辑表达式。

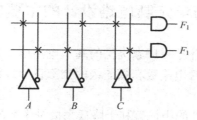

图 5.55

5.6 Xilinx FPGA 在结构和编程方法上有何特点？

5.7 试用两输入 LUT 单元实现逻辑函数 $Z = AB + CD$ 。

5.8 试用三输入 LUT 单元实现 $Z = ABC + DE$ 。

5.9 简述 Xilinx FPGA 设计的主要步骤，其可编程性体现在哪些方面？

5.10 试对本章所述的半定制设计方法的主要特征进行比较。

第6章 全定制电路设计

6.1 全定制电路设计与半定制电路设计的主要区别

如前所述，半定制电路设计是在厂家提供的基本电路单元基础上从事系统设计的，全定制设计则是自顶向下直至晶体管电路级和版图级的全部设计过程。全定制与半定制设计相比主要有以下优点：

（1）芯片面积比半定制设计的小，有利于降低大批量生产的单位芯片成本。

（2）可以从事高性能、高速度的电路设计。

（3）设计灵活性好，设计中可针对关键应用要求从事新型电路结构的设计，可方便地使用 VLSI 逻辑结构等等。

全定制电路设计最主要的缺点就是设计时间长、设计费用高。尤其是在初次设计中由于版图设计错误导致 IC 工作出错，这个缺点将会更加明显。如果设计中多次迭代修改错误，就会增加设计成本并延长设计周期。虽然版图的确切验证可由 CAD 设计软件承担，并大大增加设计成功的机会，但设计任务仍然是十分艰巨的。

由于全定制设计的上述缺点，全定制设计一般并不适合用作小批量的 ASIC 设计，即便是半导体厂商也是如此。由于多数 IC 开发都是在原有部分设计基础上进行的，这就需要保持良好的设计结构以便扩充使用。

全定制设计也遵循 VLSI 的层次式设计原则。作为一个全新的设计，最顶层的功能级设计是必不可少的。功能设计之后，就要根据功能描述从事寄存器级的设计。前四个阶段的设计与半定制电路设计完全相同，可采用相同的 CAD 工具。与半定制电路相比，设计中第一点变化发生在逻辑级设计。半定制电路逻辑设计中，基本电路单元是由 IC 厂家提供的。而全定制电路设计中并没有预先定义单元库，因此可以选择任意形式的逻辑电路，从而使设计更加灵活。全定制设计贯穿芯片设计的所有过程，从寄存器基本模块开始，将模块划分为合适的单元的组合，然后分别对单元电路进行逻辑级、电路级至版图级的设计。一旦各单元设计完毕，就可以将这些单元汇总并在单元之间适当连线以实现整个电路功能。

与全定制电路功能级设计并行的工作是考虑电路在芯片内的布局规划（floorplan），或称版面设计。版面设计是根据电路主要功能块来划分芯片面积。随着设计的逐渐深入，功能块的形状、尺寸变得越来越清楚。版面设计贯穿芯片设计全过程，每一布局块内都包含对应电路单元的版图，设计中应尽量使其覆盖全定制芯片的有效面积区。

全定制电路设计中，为了减少版图设计的工作量，应尽量选用少量的可重复调用的单元或规则化的结构单元进行设计。一旦单元形式选定，就要根据具体应用要求设计电路内部晶体管几尺寸。在单元级电路设计中，为了得到最佳的电路性能，通常要利用 CAD 辅助工具进行晶体管电路级设计。SPICE 是电路模拟的最流行软件，我们将在后续章节专述电路模拟的作用及其 CAD 工具的使用方法。

　　全定制电路设计中版图验证的作用十分重要，原因在于全定制设计是手工进行的。因此，在设计交付生产之前，应对芯片版图进行彻底的检查。版图验证是由程序完成的。已有商用版图验证软件可对版图进行设计规则检查、电学规则检查、版图与原理图对比以及版图寄生参数提取等工作。尽管这些检查可能是非常耗费机时的，因为检查中需要处理极大量的数据，但彻底的检查可以节约大量的设计错误的检查与定位时间，并提高一次设计的成功概率。

　　综上所述，全定制与半定制设计的主要区别表现在四个方面：

- 更加灵活化的逻辑设计；
- 版面设计；
- 电路摸拟；
- 版图设计与验证。

6.2　全定制电路的结构化设计特征

　　结构化设计风格是 Mead 和 Conway 首先倡导的，其目的是让系统设计者能够直接参加芯片设计以实现高性能系统。为了减少设计 IC 或整个系统的复杂性，结构化风格提供了以下几方面的技术。

6.2.1　层次性

　　层次化设计就是将一个模块划分成子模块，然后再分别将子模块划分为更小的模块，使子模块的复杂性达到合适的细节为止。这个过程与软件设计的情形类似——大的程序将分成越来越小的部分，直到可以写成功能与接口定义得很好的简单子程序为止。我们在第 1 章讲过，芯片设计可以用三个域来表示，为了形成设计文件，可以在每个域中采用"并行层次"来验证该设计。例如，一个加法器可以有一个模拟其行为特性的子程序，可以有一个说明其结构的门级电路连接图，还可以有一个确定加法器物理性质的版图。如果把加法器组合到其他结构中，可以对三个域平行处理，并通过域与域之间的比较保证这些描述的一致性。

　　举例来说，假设一个层次性设计中包含了几个逻辑门和晶体管，这是混合表示方法，其层次式关系如图 6.1 所示。其中的两个元件类型为 A，取名为 i1(A) 和 i2(A)，另一个元件的类型为 B，取名为***(B)。这三个元件构成类型为 type1 的层次式设计中的一个子模块，见图 6.1(b)。由图可以看出，上一级元件 Top 中包含了 3 个子元件 i1、***和 i2。通过对这种层次关系的说明，就可以确定各元件之间的所属关系，如 Top/i1 和 Top/i2 分别表示两个属于 Top 的元件 i1 和 i2。而单元之间的电气连接则由图 6.1(c) 给出。

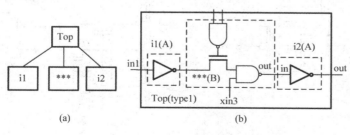

图 6.1　层次性设计举例

层次性设计可以体现在两个方面：一方面体现在功能上，即按功能的不同把父模块分解为一系列的子模块，这是常见的方式；另一方面体现在物理分割上，即将父模块在物理上划分成若干子模块。如图 6.2(a)所示为生成图形矢量的 8 位差分电路，它由三个数据寄存器 A、B 和 C，一个加法器 Adder，以及两个多路器 MUX 组成。若这个 8 位的差分电路由 8 个"位片"构成，如图 6.2(b)所示，其中每一位的结构与图 6.2(a)所示的结构相同，则称这个设计具有物理上的层次性。

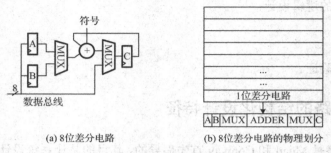

(a) 8位差分电路　　　　　　(b) 8位差分电路的物理划分

图 6.2　差分引擎设计的层次性

6.2.2　模块性

层次性包括将一个系统划分成一系列子模块，如果这些模块的构成是"合式"的，则同其他模块之间的关系就可以表示出来。"合式"这个概念从一种情景到另一种情景可能是不相同的，但评价一个"合式"软件子程序时所采取的准则可以作为评价集成电路模块是否是"合式"的一个出发点。对于软件来说，要求有一个明确定义的接口，这就是一个具有变量类型的变量表。对于电路来说，这对应于一个明确定义的物理接口，此接口指示外部互连的位置、名称、层类及信号类型。例如，连接点可以指示电源和地、模块的输入和输出。模块的功能也要以明确的方式定义。模块性有助于设计人员明确问题并做出文件，此外，还可以通过模块构成检查它的属性，使一个设计系统更具实用性。将一个任务分成一组很好定义的模块的能力有助于许多人一起设计，每个人只设计芯片中的一部分。

图 6.3 所示的两个多路器具有的模块性不同。图 6.3(a)中的两个输入信号 in1 和 in0 直接接到两个传输门上，这两个传输门又直接连到有比型输出电路上。这样，模块的内部信号不仅与输入信号的波形有关，还与信号源的阻抗有关，这就需要跨模块检查该多路器的驱动电路是否能正确工作，因而模块性较差。

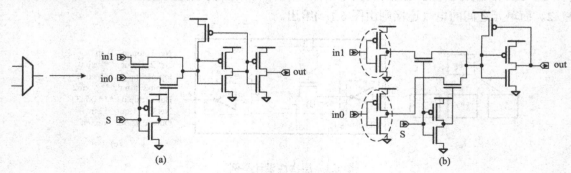

图 6.3　模块性设计举例

一种解决方案就是采用图 6.3(b)所示的带输入缓冲器的多路器。在这种电路结构中，信号源的阻抗对模块内部信号的工作点没有影响，所以该模块的功能受其他模块的影响很小，其模块性也就较好。

6.2.3　规则性

在结构化程序设计中，有人建议只采用三种基本结构，即链接、堆叠和条件选择。对于集成电路来说，也有相似的结构。例如，集成电路中的链接对应单元的对接，即把物理的单元相邻地放在一起，在公共边界上进行单元间的连接；集成电路中的堆迭就是把相同单元按一维或二维阵列分布，典型的应用例子是存储器；集成电路中条件选择的典型应用是可编程逻辑阵列（PLA），它的功能是由阵列中晶体管的位置决定的。当把这三种编程概念与参数化设计结合起来时，将对设计人员从事一个设计的模块化过程起到极大的作用。

采用堆叠结构以形成相同单元的阵列是结构化 IC 设计中采用规则性的一个例子。然而，可以采用规则化结构来扩展这种功能以简化设计过程。例如，要构成一个"数据路径"（Data Path），模块之间的接口（电源、地线、时钟、总线）可以是公共的；但模块的内部细节可以随功能而不同。规则性可以在设计层次的所有级别上存在。在电路级上，可以采用一致的晶体管，而不必采用一致的晶体管进行人工优化；在逻辑块级，可以采用完全一样的门结构；在更高一级上，可以构造一个体系结构，如采用一些恒等的处理器结构。如果按上述方法利用规则性从事芯片设计，就可以通过结构来判断设计的正确性。规则性对于从外形上验证设计正确性也会有好处。例如，图 6.4(a)和图 6.4(b)的多路器和寄存器电路中就采用了多个相同的 CMOS 反相器，其中图 6.4(a)所示的多路器由 4 个反相器构成，其中两个带有存储管，而图 6.4(b)所示的寄存器中用了 7 个反相器，其中有 4 个是带有存储管的反相器。同样，更高层次的模块可以调用这个两个电路，从而大大减少了设计的工作量。

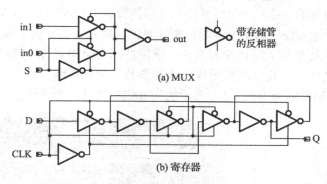

(a) MUX

(b) 寄存器

图 6.4　规则性设计举例

6.2.4　局部性

通过对模块接口的很好确定，可以有效地使该模块的内部情况变得对任何外部接口不再重要。用这种方法我们就完成了一种"信息隐藏"，这样可以减少模块表观的复杂性。在软件设计中，这类似于把全程变量减少到极少（希望为零）。采用这种模式后，就不会使连接线在物理上与一个模块相交叠，因为如果发生重叠，就需要改变已定义模块的内部结构和工作状态。

　　模块也可以安放得使"整体连线"极少，这在非结构化系统中为了连接许多模块可能是必要的。当前系统设计的共同宗旨是"先考虑连线，然后考虑模块"，即"走线第一，模块第二"，而不是通常的"先设计好模块，然后将它们布线到一起"。

6.2.5　手工参与

　　全定制设计中需要手工参与制备掩膜版设计，这种方法适合于很少受约束的设计技术。这种技术是在某个阶段得到掩膜级的功能子系统版图。当然，对于一个全新的芯片设计，这种方法仍然被许多半导体厂商广泛采用。手工参与设计技术的实质是要求把一个设计划分为若干过程，然后分别由精通逻辑、精通电路和精通工艺的专家去完成。

　　全定制电路的结构化设计有很多策略都与软件设计中的做法十分类似，表 6.1 将两者的相似之处做了总结。

表 6.1　全定制的结构化设计与软件结构化设计的比较

特点	软件	硬件
层次性	子程序，库	模块
规则性	迭代，共享代码，面向对象	数据通道，模块复用，规则阵列，标准单元
模块性	定义良好的子程序接口	定义良好的模块接口
局部性	局部范围，无总体变量	局部连接，寄存器输入/输出

6.3　全定制电路的阵列逻辑设计形式

　　数字电路的功能可由随机逻辑或阵列逻辑来实现。在随机逻辑设计中，芯片由小逻辑门电路的版图以及它们的互连构成。这种设计风格需要很多的小规模电路单元，这些单元是无规则地分布在芯片内部的。对于一个具有几十万晶体管以上的 VLSL，如果仅以基本门作为逻辑单元，那么版图设计的任务将是十分艰巨和耗时的。幸而人们发明了许多规则的逻辑结构，这些结构的最大优点是增加了设计的规则性。规则性因子是指芯片上总的晶体管个数与个别设计的晶体管个数之比，它是反映版图规则性的参数，规则性因子越大，对提高版图设计效率越有利。如图 6.5(b)所示为由图 6.5(a)所示的与非门实现的一个全定制 IC 版图。

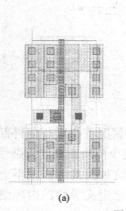

(a)

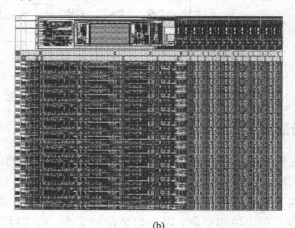

(b)

图 6.5　基于规则化设计的全定制 IC 版图

　　数字电路采用高度结构化的版图设计已有多年，其中最著名的规则化结构版图设计是存储器，它由大量阵列分布的存储器单元和读写电路构成。

　　最新的数字 IC 设计也广泛采用规则结构，如电路中采用 PLA、微程序 ROM、数据路径等取代随机逻辑。下面介绍几种典型的阵列逻辑结构。

6.3.1　Weinberger 阵列结构与栅列阵版图

　　Weinberger 阵列是被最早提出的结构化逻辑，其结构是建立在 PMOS 与逻辑门基础上的。其后又有人提出以 NMOS 或门加上耗尽型上拉管的结构，这种结构也可由 CMOS 电路实现，上拉管采用栅接地的 PMOS 管。阵列结构很容易扩充为多级逻辑。此外，这种结构还可以在保持基本结构不变的前提下，方便地扩充生成新的逻辑。

　　图 6.6 给出的是基本 Weinberger 或阵列结构。第一列的上端接有一个上拉器件并由提供逻辑功能的输出，每一对输出列之间由一列地线隔开。上拉器件作为或非门的负载，下拉晶体管根据每一个输入逻辑的功能分布在垂直输出线与地线之间。器件的几何尺寸由第 3 章讲述的原则进行设计。输入由水平多晶硅提供。由于上拉器件位于垂直列的顶部，这种结构允许从左边提供输入信号，从底部提供输出信号。连接垂直输出的水平信号线可以看作是基本逻辑门的输入。水平信号线还可以在阵列的右侧提供输入信号。

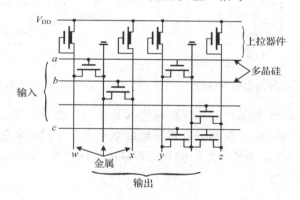

图 6.6　Weinberger 或阵列结构

【**例 6.1**】　试用 NMOS Weinberger 或非阵列结构实现一个异或门功能。

　　解：根据异或功能真值表，可以将其写成乘积项和的形式。由真值表得：

A	B	X
0	0	0
0	1	1
1	0	1
1	1	0

　　图 6.7 给出了实现异或门功能的版图结构。注意，有两个垂直输出列信号线分别用来形成输入信号的互补变量。两个输出列信号线分别用来构成第一级或非门的功能，最终生成所期望的异或门功能输出信号 X。

　　示例所示结构很容易扩充，即在底部增加水平输入行，右部增加输出列。上述例子中就是采用扩充输入行和输出列的方法实现异或功能的。Weinberger 结构非常简单，很容易由程序自动将输入逻辑方程转换为对应版图。事实上，早期的硅编译就是采用这种结构来实现逻辑功能的。

另一种成功用于开发早期 32 位微处理器的栅阵列版图是由图 6.8 所示的晶体管行列矩阵构成的。在该栅阵列版图中，晶体管按行分布，输入、输出信号按列分布。图中垂直线都采用多晶硅走线，多晶硅具有两重功能，既可以作为垂直布线，也可以作为晶体管栅。图 6.8 中上部的水平 N 型扩散区与两条多晶硅线条一起构成与非门的两个输入管，扩散区左端接地，右端接垂直多晶硅输出线 C。图 6.8 下部的 P 型扩散区与多晶硅构成 P 沟晶体管。为了形成与非门的并联上拉管，P 管扩散区中点接 V_{DD}，两端扩散区由金属线连通并与输出垂直多晶硅 C 线相连。注意，输出线既可以是原始输出线，也可以是其他晶体管的栅，以构成更复杂的逻辑功能。一般来说，可以通过增加栅列阵中的晶体管和连接点构成更为复杂的逻辑功能。栅列阵结构最适合于构成与非门、反相器等传统的 CMOS 逻辑形式。

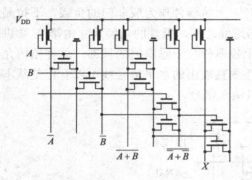

图 6.7　NMOS Weinberger 阵列实现异或门

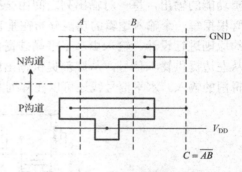

图 6.8　与非门的栅阵列版图

在采用栅阵列结构设计版图时，首先根据输入数画出一组垂直多晶硅。由于电路中可能需要某些垂直多晶硅作为输出，总的垂直多晶硅线数可大于电路的总输入数。晶体管的布局与图 6.8 示例中的方法相同，晶体管之间的互连可以由金属或扩散区连接。金属可以沿水平方向布线穿过多晶硅线来连接。

6.3.2　存储器结构

半导体存储器都是用一位存储单元按阵列形式分布构成的。存储器按其存储单元的形式又可分为动态存储器和静态存储器，按照读写存储器的方式又可分为只读存储器（ROM）、读写存储器和非易失性存储器等，见表 6.2。其中，读写存储器又分为随机存储器和非随机存取存储器，非易失性存储器中包括 EPROM、E^2PROM 和 FLASH。存储器的分类是由基本存储单元的特性和优点确定的，尽管外部支持电路可以有所改变。

表 6.2　存储器的分类

读写存储器		非易失性读写存储器	只读存储器
随机存取	非随机存取	EPROM	掩膜可编程
SRAM	FIFO	E^2PROM	可编程的（PROM）
DRAM	LIFO	FLASH	
	移位寄存器		
	CAM		

任何一种存储器，要完全实现其功能，除了阵列分布的存储单元之外，还需包括地址译码器、读写电路和控制电路几个部分。图 6.9 显示了典型的存储器芯片结构。为了减少选择指定存储单元所需的译码电路规模，提高工作速度，通常将存储阵列按正方或者接近正方分布。下面以一个 1MB 的存储器设计为例，说明采用正方存储单元阵列的原因。对于一个 N（$N=10^6$）个字、每个字为 M（$M=8$）位的存储单元阵列，需要 20 根地址线（$2^{20}=1\,048\,576$）来定义每个存储单元的地址，以便准确地访问该存储阵列中的每一个存储单元。如果将存储单元顺序排列成如图 6.10(a)所示的一个 1MB 的行结构，则需要一个输入为 20 线和输出为 1 048 576 线的行译码器，才有可能由 20 根地址线寻址顺序寄存器中的存储单元。显然，这个译码器的电路规模是很大的，更重要的是这种情况下存储阵列的高度大约是其宽度的 128 000（$2^{20}/2^3$）倍，因为每个基本单元通常为正方形，从而导致所设计的存储器不切实际。而且，某个方向过于长的形状也不利于电路速度的提高，因为连线的延迟与长度成正比，长连线会导致很大的延迟。

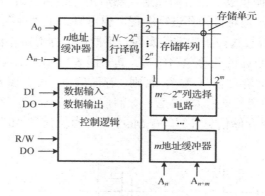

图 6.9　存储器芯片结构

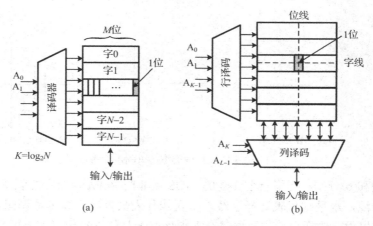

(a)　　　　　　　　　　　　　　　(b)

图 6.10　正方型分布的存储阵列

为了解决这个问题，一般将存储阵列垂直和水平方向的尺寸设计成同一数量级，即长宽比为 1 或接近 1。这种情况下，每行里会存储多个字，且同时被选中，只要再增加一个列译码器，就能从多个字中选择正确的那个从数据总线上输出。如图 6.10(b)所示，地址线分为行地址 $A_0 \sim A_{K-1}$ 和列地址 $A_K \sim A_{L-1}$ 两部分，行地址负责选择每行进行读/写操作，列地址负责选择包含特定数据位的指定列。还是以上面的 1MB 存储器为例，一种可行的设计方案是按 1024 行×1024 列的方形阵列分布存储单元，每行存有 128 个 8 位的字，需要的行地址和列地址均为 10 位。通过这种方式，不但同样能够访问存储单元，而且大大减小了寻址所需的地址译码器的电路规模，提高了存储器的工作速度。

一旦指定行、列的存储单元被选中，存储单元内的数据就要通过引线与芯片外部管脚相连接。为了能够实现存储器的电路功能，还需要一些附加电路，其中包括灵敏度放大器、控制逻辑、三态输入/输出缓冲器。然而，存储单元本身的几何尺寸是确定芯片面积的重要因素。

下面讨论存储器的核心——存储体的结构。

1. 只读存储器

只读存储器（Read Only Memory）简称 ROM，是一种高密度的半导体存储器，其基本存储单元就是单一的晶体管，可用晶体管的存在或不存在表示存储的信息。掩膜 ROM 就是在生产阶段根据用户要求设计掩膜版上相应的图形，然后由厂家制造出相应的 ROM 代码的 ROM 芯片。最简单的掩膜 ROM 是对接触孔进行编程，也可以采用"存在"或"不存在"MOS 管以及使 MOS 管永久导通或永久截止的方法实现。不同的方法对应不同的工艺。

图 6.11 所示为组成 ROM 的几种电路结构，其中图 6.11(a) 为二极管构成的 ROM，在字线和位线的交叉处有二极管，存储信息"1"，否则，存储信息"0"。图 6.11(b) 是由 MOS 管构成的 ROM，在字线和位线的交叉处有 MOS 管，存储信息"1"，否则，存储信息"0"。图 6.11(c) 则正好相反，无 MOS 管时存储信息"1"，有 MOS 管时存储信息"0"。图中 WL 为选择字线，BL 为位线。

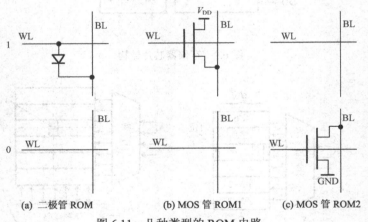

(a) 二极管 ROM (b) MOS 管 ROM1 (c) MOS 管 ROM2

图 6.11 几种类型的 ROM 电路

图 6.12(a) 和(b) 分别给出了一个 4×4 的 MOS 或非门 ROM 及对应的版图。图中分别有 4 根地址线和数据线，水平线代表选择字线，垂直线代表数据线，即地址译码选择指定的行，数据由对应的列提供。选择字线与数据线交叉点处有无晶体管决定了存储的信息。可以是"有"晶体管为"0"，"无"晶体管为"1"；也可以反过来。具体到图 6.12 所示的存储阵列，如果地址译码器选通某一行字线，则该选择线为高电平，其余字线为低电平。如果存在晶体管，字线为高电平使该晶体管导通，并使对应的数据线下拉为低电平；反之，该数据线则被上拉为高电平。因此，该例中，有晶体管处存储的信息为"0"，无晶体管则存储"1"，地址线 $A_3 \sim A_0$ 与数据线 $D_3 \sim D_0$ 的关系如表 6.3 所示。

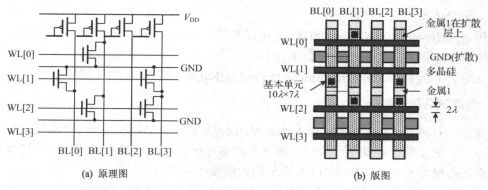

(a) 原理图　　　　　　　　　　　　(b) 版图

图 6.12　4×4 的 MOS 或非门 ROM

表 6.3　地址线与数据线的关系

WL[0]	WL[1]	WL[2]	WL[3]	BL[0]	BL[1]	BL[2]	BL[3]
1	0	0	0	1	0	1	0
0	1	0	0	1	1	0	0
0	0	1	0	0	1	1	0
0	0	0	2	1	0	1	1

由图 6.12(b)所示的 ROM 版图可见，其编程是通过选择性添加金属到扩散的接触孔实现的，位线上有金属触孔则对应"0"单元，否则对应"1"单元，因此只需用一个掩膜层即触孔掩膜就能对存储器阵列进行编程。由于 ROM 是采用阵列结构中"存在"或"不存在"晶体管来存储信息的，因此 ROM 存储的信息是永久性的，它不因掉电而改变。为了方便不同应用的需要，生产厂家还提供有现场可编程 PROM、可擦除可编程 EPROM、E^{2}PROM 等芯片。PROM 存储的内容可由用户一次性编程来确定，EPROM 和 E^{2}PROM 为可擦除可重复编程的 ROM 芯片。

下面简单分析 ROM 的瞬态特性。分析逻辑门和存储阵列最大的不同就是互连的寄生延迟占据了后者延迟的很大部分，因而需要建立精确的放置模型。下面的例子说明了如何计算字线及位线的寄生参数，该分析方法也同样适用于其他类型的存储器，如 SRAM 和 DRAM。

【例 6.2】　试分析与图 6.12 对应的 MOS 或非门 ROM 的等效电路模型，假设管子的宽长比为 4/2，计算字线和位线的寄生参数。电容参数表由表 2.5 给出。

解：　字线的延迟可以用分布式 RC 线来模拟，因为字线采用的是多晶硅，因此需要考虑其等效电阻。而位线采用的是金属，只有很长的走线才会对延迟产生影响，因而只需考虑寄生电容，且位线电容可以看成一个集总电容。

（1）每个单元的字线寄生参数

电阻：

$$r_{word}=(7/2) \times 25\Omega/\square=87.5\Omega$$

线电容：

$$C_{word}=(7\lambda \times 2\lambda) \times 0.045=0.63 \lambda^2 (fF/\mu m^2)$$

$$\lambda=1.5\mu m$$

栅电容：

$$C_g=(4\lambda \times 2\lambda) \times 0.7=5.6\lambda^2 (fF/\mu m^2)$$

（2）每个单元的位线寄生参数

电阻 $r_{bit}=(10/4)\times0.003\Omega/\square=0.0075\Omega$ （可以忽略）

线电容 $C_{bit\_i}=(10\lambda\times4\lambda)\times0.025=\lambda^2(fF/\mu m^2)$

漏区电容 $C_d=(5\lambda\times4\lambda)\times0.33(fF/\mu m^2)+2\times5\lambda\times2.6(fF/\mu m)$

2. 静态随机存储器

静态随机存储器（Static Random Access Memory）简称 SRAM，也是一个高度结构化设计的典型示例，它由静态存储单元构成。每一个静态存储单元由一对交叉耦合的反相器构成，大量的静态存储单元就可以构成图 6.9 所示的大规模存储阵列。

对于 SRAM 来说，最重要的是读出、写入和记忆信息，因此，必须能够向每一个存储单元写入并记忆所期望的数据值。图 6.13 所示为 SRAM 的六管存储单元及其版图，该存储单元结构允许选择存储阵列中每一个存储单元，而且可以向指定单元存入或取出二进制逻辑值。图 6.13 表明，SRAM 也包括选择字线和数据线，其每一行有一个选择线，即字线 WL。当选择线为高电平时，该行中所有单元被选中，对应单元各有一对数据线 BL 和 $\overline{BL}$ 允许从选中单元中读出信息或向选中单元写入信息。在存储器的读过程中，从被选中单元内存储的内容读出的一对数据线的信号逻辑值相反。从逻辑的角度来看，每个存储单元上只需一根数据线来取出存储的数据。然而，为了满足向存储单元写入数据的需要，必须选择两根数据线并且两根数据线分别由相反的逻辑信号驱动，才能向存储单元写入所期望的值。

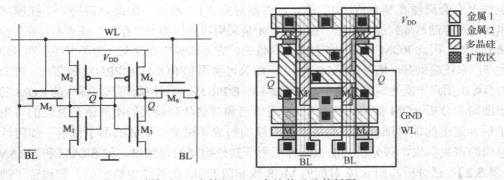

图 6.13 六管 SRAM 存储单元及其版图

SRAM 与 ROM 的主要不同是它需要持续供电来保持存储的信息值，一旦掉电，存储单元内部的反馈路径就不再存在，存储的内容就会丢失或破坏。系统加电后，SRAM 存储的内容只与写入的逻辑值有关，而与掉电前存储的内容无关。因此，SRAM 被看作是非永久性的存储器。

六管 SRAM 单元尽管简单可靠，但是面积大，需要为两条位线、一条字线以及电源/地提供信号走线和连接。图 6.13(b)给出了其中一种可能的版图，该版图的尺寸主要由布线和中间层的接触孔决定。为了设计大容量存储阵列，人们提出了其他的单元结构，不仅考虑改进晶体管的拓扑结构，还考虑采用特殊器件以及更复杂的工艺。图 6.14 所示为电阻负载 SRAM 单元，也称为四管 SRAM 单元。其特点是交叉耦合的晶体管对被一对电阻负载 NMOS 反相器所代替，即电阻代替了 PMOS 管，减化了布线。这样做可以使 SRAM 单元的尺寸减少大约 1/3。但采用这种结构时需要仔细考虑电阻值，大电阻能够保证合理的噪声容限，同时减少静态功耗。另一方面，电阻值太大会严重影响电平由低到高翻转时的延迟，进而有可能需要增加单元尺寸。

　　但总体来说，设计 SRAM 时首先希望的是每个单元的功耗越低越好。例如，一个 1Mb 的 SRAM，其工作电压为 3V，反相器负载为 10kΩ，若每个单元的静态电流为 0.3mA，则整个 SRAM 阵列的功耗会达到 300W。因此，SRAM 中的负载电阻通常都设计得较大。大阻值电阻可以采用未掺杂的多晶硅实现，其方块电阻可达几太欧姆（TΩ）的数量级（$T=10^{12}$）。而针对大电阻引起的由低到高转换时间的增加，则可以通过将位线预充电到

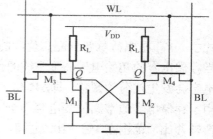

图 6.14　四管 SRAM 单元

V_{DD}，使读操作中不再出现由低到高的翻转来加以解决。这样，电平翻转过程中，电阻负载不再提供实际的电流，其主要目的就是保证各单元存储的电平不受泄漏电流的影响，该泄漏电流的典型值为 10^{-15}A/单元。因此，通过电阻的电流至少要比这个值大两个数量级才能达到上述目的，即 $I_{load} > 10^{-13}$A，通过这个值可以确定电阻值的上限。

3．动态随机存储器

　　动态随机存储器（Dynamic Random-Access Memory）又称 DRAM，相比 SRAM 其特点是容量大，但需要定期刷新。从上面的分析可知，四管单元的负载只是起到补充泄漏电荷的作用，完全可以去掉，只要周期性地对单元内容进行重写、执行刷新操作即可。刷新就是先读出存储单元的内容，紧接着进行一个写操作。刷新频率不能太低，以保证存储单元的信息不会因电荷泄漏遭到破坏，典型的刷新间隔为 1～4ms。对于大容量存储器来说，去掉电阻所带来的电路复杂度的降低要远胜于引入刷新电路所导致的电路增加。下面简单介绍 DRAM 的基本存储单元。

　　将四管单元中的一个晶体管（比如 M_1）去掉，就构成了三管动态存储单元，如图 6.15(a) 所示，它是 DRAM 的基本存储电路。该电路的设计以及读写操作都比较简单，图 6.15(b) 给出了其读写操作的信号波形。写操作时，位线 BL_1 准备好数据，同时写入字线（write-word line, WWL）变高，数据"1"就通过 M_1 被写入，并以 $V_{DD}-V_T$ 的电位保存在 C_s 上。读操作时，读出字线（read-word line, RWL）变高，存储管 M_2 则根据所存储的电荷，可能导通也可能截止。读操作之前，位线 BL_2 通常都被上拉到电源电压 V_{DD}，或者被预充电到 V_{DD} 或 $V_{DD}-V_T$。若原来存储的值为"1"，即 $X=1$，则 M_2 和 M_3 导通，BL_2 被下拉到低电平。若存储的是"0"，则相反，BL_2 为高电平。可见位线上出现的信号是所存储数据取反的结果，即存储"1"时，读出的是"0"；反之，读出的是"1"。刷新这种单元最常用的方法就是按照顺序读取存储的数据，将结果取反后再放在位线 BL_1 上，然后使能 WWL。

　　将电路复杂度进一步减少可以得到晶体管数更少的单管动态存储单元。毫无疑问，这也是商用存储器设计中普遍采用的 DRAM 结构。当然，复杂度的降低是以牺牲一部分电路性能为代价的。图 6.16(a) 给出了单管 DRAM 单元的原理图。写操作很简单，将准备好的数据放在位线 BL 上，并使字线 WL 上升为高电平，这时 M_1 导通，数据被写入，电容 C_s 上的电位被充电到 $V_{DD}-V_T$。读操作之前，位线总是被预充到电压 V_{PRE}（例如 $V_{PRE}=V_{DD}/2$）。读操作时，字线 WL 变高，位线电容 C_{BL} 和存储电容 C_s 之间的电荷会重新分配，引起位线有一个电压的变

化ΔV，变化的方向决定了所存储数据是"0"还是"1"。ΔV由下式给出：

$$\Delta V = V_{\mathrm{BL}} - V_{\mathrm{PRE}} = (V_{\mathrm{BIT}} - V_{\mathrm{PRE}})\frac{C_{\mathrm{S}}}{C_{\mathrm{S}} + C_{\mathrm{BL}}}$$

式中，V_{BL}是电荷重新分配后位线的电压，C_{BL}为位线电容，V_{BIT}是存储电容C_{S}的初始电压。当存储电容的初始电压高于位线的预充电压，即$V_{\mathrm{BIT}}>V_{\mathrm{PRE}}$时，读出过程中从存储电容到位线电容会发生电荷的搬移，即$\Delta V>0$，表明原先存储的数据是"1"；反之，则表明存储的是"0"。由于存储电容通常比位线电容小1～2个数量级，因而ΔV的值较小。比值$C_{\mathrm{S}}/(C_{\mathrm{S}}+C_{\mathrm{BL}})$称为电荷转移比，范围在1%～10%之间。这个小的$\Delta V$值还需经过敏感放大器进一步放大到满摆幅，以便完成读操作，这也是单管单元与三管单元以及其他DRAM单元最大的不同。单管单元读写操作的信号波形如图6.16(b)所示。

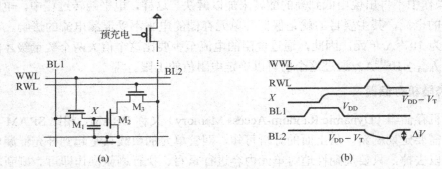

图6.15　三管DRAM单元及其读写信号波形

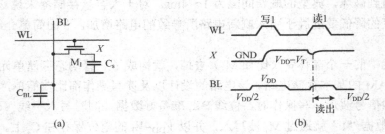

图6.16　单管DRAM单元及其读写操作波形

4．行列译码器

图6.9所示存储器结构中，n根地址可经行译码器生成2^n根行选择线。图6.17示出了一种行译码器电路图，行选择线WL_i（$i=0\sim2^n-1$）由或非译码器生成，该图中$n=2$。图中每一个水平位线分别由一个上拉器件上拉为高电平。上拉器件可以是耗尽型晶体管，也可以是栅接地的P沟晶体管，还可以是时钟控制的P沟晶体管。该或非译码器的真值表如表6.4所示，由表可见，译码时每次只有一根字线为"1"，即被选中，其余均为"0"。例如，$A_0=A_1=0$时，只有WL_0被上拉到高电平，$\mathrm{WL}_0=1$，其余的行选择线，由于MOS管导通，均被下拉到低电平。

列译码器的作用是从访问行（即行译码器寻址行）的2^n位中选出2^m位。最简单的列译码器是图6.18所示的树形结构译码器，一旦指定行被选中，该行上所有单元的列数据线都是可选的。例如，当$m=2$时，共可以确定$2^m=4$列数据的输出。图6.18所示的列译码器输入地址

线为 A_0 和 A_1，其中 A_0 用来选择所有的奇数列，A_0 的互补变量用来选择偶数列。当 $A_1=1$ 时，来自位线 BL_2 或 BL_3 的数据被送到输出端，反之，则将 BL_0 或 BL_1 的数据送到输出端。随着地址线的增加，待选择的列数据线分别为原来的 1/2。经过 m 级地址选择后，就可从 2^m 个存储列中确定某一列所对应的一对数据线。选中的数据线必须经过输入/输出缓冲器与芯片的数据输出管脚相连。为了减少存储器单元选择到数据输出芯片外部管脚之间的时间，在列选择结构中还包括灵敏电平放大器，其作用是在存储单元驱动选择列线上大容量负载过程中，尽早确定存储单元内的数据。

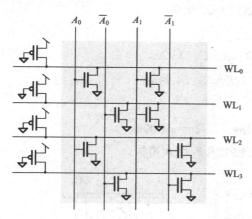

图 6.17　行地址译码器

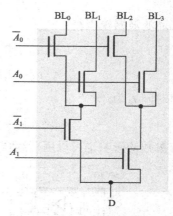

图 6.18　树形列译码电路

当存储单元规模很大且要求的工作速度很高时，存储单元、选择线和数据线的电学特性就显得十分重要。例如，图 6.13 所示的六管 SRAM 存储单元中有两个开关管 M_5 和 M_6，因此，一个阵列数为 M 的存储器，其选择字线需要驱动 $2M$ 个 MOS 晶体管的栅，导致选择字线有很大的电容负载。在设计选择线的缓冲器时必须仔细考虑这些大电容负载引起的延迟问题。

【**例 6.3**】 计算图 6.19 所示的 SRAM 阵列的一个选择字线的延迟时间，其中，16K×1 位的 SRAM 被排列成每边 128 个存储单元的正方形阵列。再假设 SRAM 阵列的总面积为 2mm×2mm，多晶硅选择字线 S 的宽度为 2μm，选择晶体管栅面积为 2μm×2μm。选择字线从存储阵列的一端驱动。已知多晶硅选择字线的电阻为 22Ω/□，多晶硅相对衬底的电容为 0.08fF/μm²，栅电容为 1fF/μm²，试估算选择字线的延迟时间。假定选择字线从存储阵列一端输入的驱动信号是理想上跳变阶跃信号，则可以将存储阵列的一端信号从 10% 的时间上升至 90% 的时间作为选择线的延迟时间。

解： 首先将总的选择字线电阻、电容近似看作一个低通 RC 滤波器。总的电阻可由选择字线源端到目的端的方块数来计算，即将多晶硅的方块电阻相叠加来得到总电阻。本例中选择字线长为 2mm，宽为 2μm，则字线上总的方块数等于 2mm/2μm=1000。同样，也可由多晶硅选择字线的晶体管栅面积来计算总的字线电容。选择字线与衬底区交叠的总面积 A_p 等于总字线面积 A_{total} 减去总的选择晶体管栅面积 A_G，即：

$$A_{total}=2mm \times 2μm=4000μm^2$$

$$A_G=2 \times 128 \times 4μm^2=1024μm^2$$

其中，A_G 表达式中的 2 表示每个单元有两个开关管。

$$A_P = A_{total} - A_G = 4000 - 1024 = 2976 \mu m^2 。$$

因此，总的选择字线电容 C_T 为：

$$C_T = 0.08fF/\mu m^2 \times A_P + 1fF/\mu m^2 \times A_G$$

$$= 0.08fF/\mu m^2 \times 2976/\mu m^2 + 1fF/\mu m^2 \times 1024/\mu m^2$$

$$= 0.238pF + 1.024pF = 1.262pF$$

总的选择电阻 R_T 为：

$$R_T = 1000\square \times 22\Omega/\square = 22\ 000\Omega$$

由低通滤波器模型得：

$$t_{10\%} = 0.105\tau = 0.105 \times R_T \times C_T = 2.92ns$$

$$t_{90\%} = 2.303\tau = 2.303 \times R_T \times C_T = 64.94ns$$

延迟时间 t_d 为：

$$t_d = t_{90\%} - t_{10\%} = 63.94ns - 2.92ns = 61.02ns$$

分布参数的影响也可以用后续章节介绍的 SPICE 程序来摸拟。

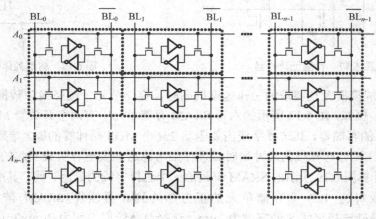

图 6.19   SRAM 阵列

5. 内容寻址存储器

内容寻址存储器（content-addressable memory, CAM）属于存储器的一种变型，主要用于 Catch 的匹配和地址解析。CAM 的读写操作与 SRAM 类似，即可以对指定地址进行读写。除此之外，它还多了一个查找（匹配）操作。当进行匹配操作时，将要查找的数据 A 放在位线 $\overline{BL}$ 上，$\overline{A}$ 放在 BL 上。若查找内容与存储内容相同，则匹配管截止，输出的匹配信号 MATCH 为高，表明匹配成功；否则，匹配晶体管导通，MATCH 信号为低，即内容不匹配。例如，设原来存储的值为 $Q=1$，$\overline{Q}=0$，要匹配的

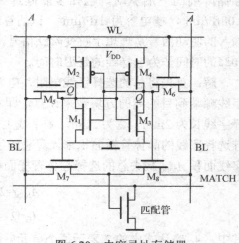

图 6.20   内容寻址存储器

数据 $A=1$，则 M_8 导通，BL 上的 $\overline{A}=0$ 使得匹配管截止，表明匹配成功。由于 CAM 是将输入数据与存储数据项并行比较，所以速度极快。同时，由于不需要通过地址线来寻址数据项，因此 CAM 不受地址线宽度的限制，容易扩展。

6.4　全定制电路设计举例——加法器设计

在很多运算操作中，加法是最基本的运算形式，比如乘法运算和滤波器中都要用到加法运算，因此，本节以加法器为例介绍如何进行全定制加法器的设计。

6.4.1　单位加法器

只考虑两个加数本身，不考虑来自相邻低位进位的加法器称为半加器（Half Adder，HA），其输出为和以及向高位的进位。根据半加器的真值表，可以得到 1 位半加器的输出如下：

$$S = A \oplus B$$
$$C_{\text{out}} = A \cdot B \tag{6.1}$$

图 6.21 给出了半加器的真值表、逻辑符号及逻辑图。其中，A、B 为两个相加信号的输入，C_in 为进位输入，S 为和的输出，C_out 为进位输出。

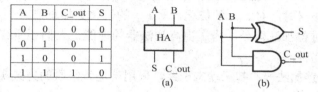

A	B	C_out	S
0	0	0	0
0	1	0	1
1	0	0	1
1	1	1	0

图 6.21　半加器

不仅考虑两个加数，还考虑来自低位进位的加法器称为全加器（Full Adder，FA），容易给出 1 位全加器的真值表，由此可以得到全加器的输出为：

$$S = \overline{A}\overline{B}C + \overline{A}B\overline{C} + A\overline{B}\,\overline{C} + ABC = A \oplus B \oplus C$$
$$C_{\text{out}} = AB + AC + BC = A \cdot B + (A \oplus B)C \tag{6.2}$$

其中，A、B 和 C 分别为加数以及前级的进位输入。图 6.22 是用静态 CMOS 实现的全加器。

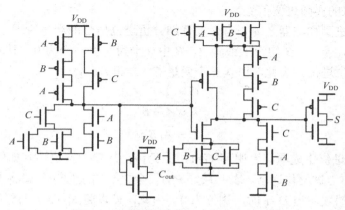

图 6.22　互补静态 CMOS 实现的全加器

6.4.2　多位加法器

当两个加数为 n 位时，就构成了一个 n 位加法器，它可以由 n 个一位全加器相互连接构成，也可以采用其他方式，不同的连接方式决定了加法器的电路复杂程度和运算速度。图 6.23 所示的 4 位全加器就是由 4 个 1 位全加器构成的，其中两个加数分别为 $A_0 \sim A_3$、$B_0 \sim B_3$，C_0 为输入的进位位。这实际上是一个行波进位加法器，即进位信号像"行波"一样从一级传递到下一级。该电路的延迟与信号经历的逻辑级数有关，而且是输入信号的函数。例如，"和"信号 $S_0 \sim S_3$ 几乎不受行波效应的影响，而进位信号必须从最低位行波传递到最高位，导致进位输出 C_4 有较大的延迟。

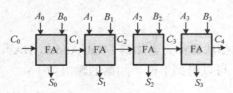

图 6.23　4 位行波进位加法器

在图 6.23 所示的行波进位加法器中，假设 C_0=0，则最坏情况的延迟发生在最低位产生了进位，且该进位通过后面三级传到了最高位的情况下，如 A=0001，B=0111 时。研究表明行波进位加法器的延迟与加法器的位数 N 成正比，可以近似表示为：

$$t_{\text{adder}} \approx (N-1)T_{\text{carry}} + t_{\text{sum}} \tag{6.3}$$

式中，t_{carry} 为由输入信号例如 $A_0(B_0)$ 产生 C_0 的延迟，t_{sum} 为各单元求和的延迟。从式（6.3）还可以看出，设计全加器时，对 t_{carry} 的优化比对 t_{sum} 的优化更加重要。

除了传统的行波进位加法器外，为了提高加法器的性能，人们还研究出了多种改进型的加法器，主要有以下几种。

- 曼彻斯特进位链加法器：基于动态电路，采用传输管级联的方式实现进位链，从而可有效提高进位链的速度；
- 进位旁路加法器：将 n 位的加法运算划分成多个 4 位分组，每组内采用行波进位方式连接，通过进位旁路选择器将各分组连接起来；
- 进位选择加法器：将 n 位操作数分成相同位数（K 位）的 M 个分组，每组由两个行波进位加法器和一个多路器构成，令两个加法器的进位分别是"1"和"0"，由多路器从两个加法器的"和"中选择一个作为最终结果；
- 超前进位加法器：根据低位的加数和被加数的状态来判断本位是否有进位，不需要等待低位送来的实际进位信号。

在介绍各种改进型加法器之前，有必要仔细分析进位信号的产生原理。从式（6.2）的进位输出表达式可知，当 A、B 均为 1 或者 A、B 中一个为 1 另一个为 0，且 C=1 时，C_{out}=1，其余情况均不会产生进位。为此，引入三个变量 G、P 和 D：

$$G = A \cdot B$$
$$P = A \oplus B \tag{6.4}$$
$$D = \overline{A} \cdot \overline{B}$$

其中，$G=A \cdot B$ 称为进位生成项，表明若 G=1，无论该全加器的进位输入如何，都会有进位输出；而 $P=A \oplus B$ 则称为进位传递项，表明只要 P=1，全加器的进位输入就将参与进位输出的运算；D 称为进位取消项，当 D=1 时，进位为 0。由此，可以将式（6.2）改写为：

$$C_{\text{out}} = G + PC$$
$$S = P \oplus C \tag{6.5}$$

由于所引入的进位生成项 G 和进位传递项 P 只与加数 A 和 B 有关,与低位的进位 C 无关,因此,只要知道加数,可以立即得到 G 和 P。

1. 曼彻斯特进位链加法器

将图 6.22 所示的静态 CMOS 加法器用动态电路实现就可以构成一种所谓的曼彻斯特进位链加法器。图 6.24 所示是用多米诺逻辑实现的 4 位加法器,其中 $P_0 \sim P_3$ 所接的 NMOS 管起传输管的作用,当对应的传输管打开时,低位的进位被传递到本级,参与本级进位输出的运算。比如,$P_1=1$ 时,$C_2 = P_1 C_1 + G_1 = C_1 + G_1$;否则,进位的输出只由本级的生成函数(如 G_1)决定。然而由于进位链的分布 RC 特性,级联的级数不宜过大,这可以通过插入缓冲器来实现。通过优化晶体管的尺寸,可以提高这种加法器的速度。例如,由于节点的高电平是预充电实现的,因此设计时主要考虑电路放电时的情况。很显然,放电时,P_0 控制的 NMOS 管的汇聚电流要比 $P_1 \sim P_3$ 所控制的管子的电流大,即 $I_{P0} > I_{P1} > I_{P2} > I_{P3}$,因而它们的尺寸也应该呈现类似的关系。电路中其他晶体管尺寸的设计也遵循同样的原理。

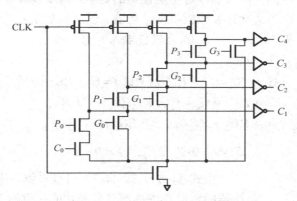

图 6.24　多米诺电路实现的曼彻斯特进位链位加法器

2. 进位旁路加法器

参见式(6.5),假设 P_k($k=0 \sim 3$)均为 1,即 $P_0 P_2 P_3 P_4 = 1$,这种情况下若 $C_0 = 1$,则该进位需通过整个进位链才能使 $C_4 = 1$,延迟很大。若能缩小这个延迟,则有利于降低整个进位链的延迟。图 6.25 所示的进位旁路加法器就是基于这个思想,在输出部分增加了一个二选一多路器,其控制信号为 BP= $P_0 P_1 P_2 P_3$,只要 BP=1,则立刻选择 C_0 作为输出,否则选择进位链的输出。不管哪种情况,进位延迟都比原先的要小。

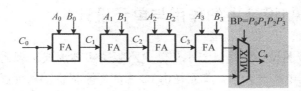

图 6.25　进位旁路加法器

3．进位选择加法器

由前面的叙述可知，行波进位加法器由于每级的进位输出都必须等低一级进位到来之后才能产生，致使其延迟与位数成正比。为了解决这种相关性，一种可行的方法是预先分别计算出前级进位分别为"0"和"1"时的和及进位输出，当实际进位到来之后，只要通过一级简单的多路器就可以方便地得到正确的结果。图 6.26 给出了进位选择加法器的实现框图，可以看出这个结构实际上包含了两个进位路径，分别计算进位为"0"和"1"时的输出。当前级进位 C_k 到达后，多路器根据 C_k 的值选择其中一个作为输出，从而降低了延迟时间。当然，这是以增加了一个进位路径和多路器为代价的。

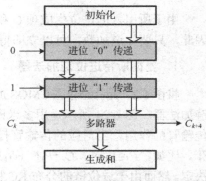

图 6.26　进位选择加法器的实现框图

4．超前进位加法器

进位旁路和进位选择加法器虽然改进了进位链的延迟，但或多或少仍然存在着行波效应。超前进位加法器的提出则为消除行波效应提供了可能。以 4 位加法器为例，根据式（6.5），第 k 位的进位 C_{k+1} 以及和 S_k（k=0～3，设 C_0 为进位输入）为：

$$\begin{aligned}
C_1 &= G_0 + P_0 C_0 \\
C_2 &= G_1 + P_1 C_1 = G_1 + P_1(G_0 + P_0 C_0) = G_1 + P_1 G_0 + P_1 P_0 C_0 \\
C_3 &= G_2 + P_2 C_2 = G_2 + P_2 G_1 + P_2 P_1 G_0 + P_2 P_1 P_0 C_0 \\
C_4 &= G_3 + P_3 G_2 + P_3 P_2 G_1 + P_3 P_2 P_1 G_0 + P_3 P_2 P_1 P_0 C_0
\end{aligned} \qquad (6.6)$$

$$S_k = A_k \oplus B_k \oplus C_k, \quad k = 0 \sim 3 \qquad (6.7)$$

由式（6.6）、式（6.7）可以看到，采用这种实现方法，加法器的和以及进位都只与最初的进位输入 C_0 有关，而与前级的进位无关，从而消除了行波效应。图 6.27 给出了超前进位加法器实现结构的示意图。尽管从表面上看这种加法器的运算时间与位数无关，但仔细研究发现，位数越高，其进位输出的扇入越大，对应电路的延迟也越大。例如，式（6.6）显示 C_1 用 2 输入或门就可以实现，C_2 需要 3 输入或门，而 C_4 的扇入有 5 项之多。因而，超前进位加法器通常只适用于位数较小的情形（$N \leqslant 4$）。

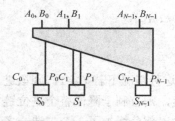

图 6.27　超前进位加法器

6.5　单元在全定制设计中的作用与单元设计

单元在集成电路版图设计中是以一小部分电路版图实体形式出现的，而不仅仅是单元电路的抽象符号。半定制电路设计中，单元是由 IC 生产厂家提供的单元库给出的。全定制电路设计工作贯穿 IC 设计全过程，电路设计中为了减小版图设计工作量，应仔细考虑基本电路单元形式，尽可能选用最常用的逻辑电路和单元，这样就可以用尽量少的单元种类完成完整 IC

芯片中各模块的功能，并减少版图设计时间与工作量。全定制设计的目标就是尽量采用重复的少量的单元从事电路及版图设计，设计中只要有可能，就将规则化、结构化设计贯穿全定制设计全过程。上一节介绍了几种典型的规则化、结构化的全定制设计应用示例。

全定制电路单元设计的主要步骤包括：

（1）选择最佳的电路形式。

（2）确定单元的基本参数以便得到最佳的电路性能。

所谓电路的形式就是电路的拓扑关系。例如，采用随机逻辑形式设计电路单元及版图，或采用结构化方法设计相同电路功能的版图结构。全定制设计者必须清楚地了解工艺水平及其优缺点，才能提出合理的最佳单元电路形式。本书将在第 8 章讨论电路单元及子系统设计的不同实现方法。

一旦电路形式选定，就可以根据应用的不同要求选择单元的少量参数。对于 MOS 电路单元设计来说，在特定工艺条件下设计者所能改变的参数就是晶体管的 W/L 比。事实上，MOS 管栅长度也受工艺水平限制，设计中选择的参数就是沟道宽度。在双极电路设计中，设计者可以改变晶体管的尺寸和电阻。

全定制电路单元设计中，一般要使用 CAD 工具来优化电路单元的设计。设计中首先确定单元电学特性，如速度功耗等要求，然后根据电路设计知识估算单元内部器件几何尺寸，再由电路级模拟程序（如 SPICE）对单元的电学行为做精确的模拟。在此过程中，可调整器件几何参数，争取得到满足设计要求的最佳版图参数，然后再根据单元版图参数进行版图级单元设计。事实上，在版图设计完成后还应对版图级单元进行模拟并再次验证其功能正确性。

习题

6.1　试述全定制电路与半定制电路设计的主要区别。

6.2　全定制电路设计的结构化特征是什么？如何利用结构化特征进行全定制电路设计？

6.3　试比较全定制电路的结构化设计与软件的结构化设计。

6.3　阵列逻辑设计的主要优点是什么？

6.4　试用 Weinberger 阵列结构实现以下逻辑表达式。

$$X = PB + D\bar{B} + \overline{PDA}$$
$$Y = P\bar{A} + DA + \overline{PDA}$$
$$Z = PB + DA$$

6.5　假设给定的单元库包含全加器和 2 输入布尔逻辑门（如与门、或门、反相器等），试设计 N 位二进制补码减法器，画出其框图，标明各输入和输出信号。并分析减法器的延迟与 N、t_{carry}、t_{sum} 及逻辑门延迟之间的关系。

6.6　叙述基于单元的全定制电路设计方法与步骤。

第7章　集成电路的测试技术

7.1　测试的重要性和基本方法

对于集成电路而言，测试十分重要，其耗费的成本也十分可观。测试主要是指检测出在生产过程中的缺陷，并挑出废品的过程，目的是为了确保制造后的芯片功能及性能符合设计者的要求，一般用一定的输入数据对芯片进行功能及性能的测试。通过测试，可以判断待测产品是否存在故障，并判断故障所在的位置，以便修改。

任何一种电路或芯片在研制之后，正常投入生产和使用之前，都要进行测试。随着电子系统日益复杂和小型化，电路中的晶体管数不断增加，人们逐渐认识到，测试和设计是同样重要的。因为测试手段的提高，不仅可以提高验证/修改的效率，缩短设计周期，而且对提高产品的可靠性，提高生产效率和经济效益有很大意义。然而芯片 I/O 数目并不随着电路规模的增加而成比例增加，传统的通过引脚来观察和控制芯片内部节点将变得更加困难，因此需要在设计阶段就考虑测试问题，即进行可测性设计（Design for Test，DFT）。

测试通常采用测试设备进行，测试过程示意图如图 7.1 所示。

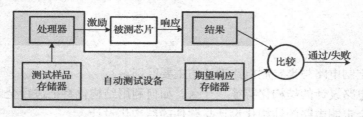

图 7.1　测试过程示意图

将被测芯片放在测试设备上，测试设备根据需要产生一系列测试输入信号（激励），施加到芯片的输入端，在被测芯片的输出端得到输出信号（响应），测试设备自动地将芯片的实际输出与预期输出进行比较，如果一致，则表示测试通过，否则表示不通过。

理想情况下，测试通过就可以说明产品是合格的，否则表明产品不合格。很明显，测试的可靠性取决于测试信号的正确性和完整性。用于测试的输入信号称为测试向量或测试码，也称为测试图形。假设对于电路 S，在测试码 X_{in} 的激励下，正常情况下的响应为 Y_{out}，如果 S 中有故障存在，则响应变为 Y_{out}^{*}。若存在测试码 X^*，使得 $Y^*(X^*) \neq Y(X^*)$，则称 X^* 为 S 的测试。如何针对电路的功能和结构寻求一套高效率的测试码，就成为成功测试的关键所在。

芯片测试的一种方法是产生一个测试矢量集以控制和观察在芯片中可能出现的故障，这个测试矢量集通常都是由计算机完成的，因此又称为测试码的自动生成。这种方法通常在设计阶段的布局之后由自动测试生成器（ATPG）产生测试码。

测试码生成之后，要检验其正确性，需要用模拟方法来分析故障覆盖率。对故障测试码的逻辑模拟称为故障模拟。故障覆盖率的计算公式为：

$$故障覆盖率 = \frac{已测故障数}{故障总数 - 不可测故障数} \qquad (7.1)$$

即一个测试集已测故障数占所有可测故障数的百分比。一般来说，故障覆盖率达到 95％ 就认为满足要求了。

随着集成电路规模的扩大，测试码的生成变得越来越复杂和困难，因此，近年来，人们逐步把研究的重点转移到可测性设计上来。试图在电路设计阶段就考虑电路的测试问题，即在设计电路逻辑功能的同时，还为今后能够高效率测试提供可测性设计。但可测性设计受到三个方面的限制，一是受电路附加引出脚数目的限制，另一个是受芯片内部附加电路大小的限制，还有就是对电路性能影响要小。

综上所述，测试系统中的三个重要内容就是测试码自动生成、故障模拟和可测性设计，下面主要围绕这三个方面加以讨论。

7.2　故障模型

芯片发生故障的原因千差万别，设计中的错误、制造中材料的缺陷、工艺的偏差和缺陷、外界环境的影响和长期工作造成的电路失效等都可有能是引起故障的原因。如图 7.2 所示的反相器有两处故障，一处为多晶硅栅与地短路，从而使输入 In 始终为 "0"；另一处是输出与电源相连，使输出 Out 的结果为 "1"。

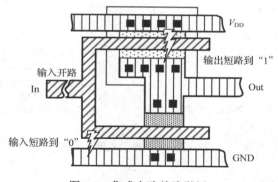

图 7.2　集成电路故障举例

这种故障的表现是固定的，称为固定型故障。故障也可以表现为间歇的，如随着频率的升高出现故障等。从对电路逻辑功能的影响来看，有些故障呈现出相同的效果，我们把这些呈现相同效果的故障归并为一类，这一类故障在集成电路测试和故障诊断中称为故障模型。

为了有效地对故障进行测试和分析，需要构造合适的故障模型。故障模型的提取通常要遵守两个基本原则：一个是故障模型的精确性和典型性，以便准确地反映某一类故障对电路与系统的影响；另一个是故障模型的易处理性，以便对故障做各种运算处理。

故障模型的主要分类如下。

- 固定故障：固定为 1 或 0 的故障；
- 短路或开路故障：模仿短路或开路的故障；

- 桥接故障：模仿可编程器件交叉点的故障；
- 存储器故障：模仿存储器读/写的故障。

7.2.1 固定型故障

逻辑故障最常见的是固定型故障（stuck-at fault），它是指电路中某个信号线的逻辑电平固定不变。固定型故障又有单固定型故障和多固定型故障之分。

电路中有且只有一条线存在固定型故障，称为单固定型故障。单固定型故障是一种普遍使用的故障模型。它主要反映电路与系统中某一根信号线上信号的不可控制性，也就是在系统运行的过程中永远固定在一个电平上。如果该电平为固定高电平，则称该故障为固定 1 故障（stuck-at-1），简记为 s-a-1；如果信号固定在逻辑低电平上，别称此故障为固定 0 故障（stuck-at-0），简记为 s-a-0。

电路中元件的损坏、连线的开路和相当一部分的短路故障都可以用固定型故障模型比较准确地模拟出来。而且由于它的描述比较简单，因此处理起来也比较方便。普遍认为，90%以上的物理故障能够用测试单固定型故障模型的测试集测试。

一个单固定型故障的例子如图 7.3 所示，其中二输入与非门的输入端 a 有 s-a-1 故障，图 7.3(a)表示当输入 ab={0,0}时，f=1，检查不出故障；而图 7.3(b)则表示当 ab={0,1}时，f=0，输出出错，检测出故障。

若电路中有一处或多处存在固定型故障，则称为多固定型故障。一个实用的测试码生成系统应能处理多固定型故障。

(a) 不能检测出s-a-1故障　　　　　　(b) 能够检测出s-a-1故障

图 7.3　单固定型故障举例

7.2.2 短路和开路故障

并不是所有的电路故障都能用 s-a-1 或 s-a-0 模型来模拟的，许多故障可能是由网络开路或短路引起的，如图 7.4 所示。

图 7.4 所示的电路中，其正确的输出应为 $Z = \overline{AB + CD}$，现有两个故障，一个是输入短路到地的故障 S_1，这可以用 A 点的 s-a-0 故障模拟，但短路故障 S_2 改变了门的功能，使输出发生改变。因此，为了得到更好的故障模型，应该在晶体管级来模拟故障，只有在这一级才知道完全的电路结构。例如，对于一个简单的与非门来说，在串连 NMOS 管中的中间点是由电路"隐藏"的，因此，测试产生必须在考虑可能的短路或开路的开关级上来完成。

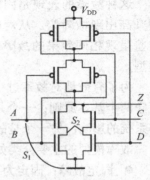

图 7.4　MOS 电路中的故障

7.2.3　桥接故障

随着集成电路密度的升高，电路中两根或多根信号线搭接在一起而引起电路发生故障的可能性增大。这类信号线搭接在一起的故障称为桥接故障。电路发生固定故障一般不会改变电路的拓扑结构，也不会使电路或系统的基本功能产生根本性的变化，但是电路如果发生桥接故障，则有可能改变电路的拓扑结构，导致电路的基本功能发生根本性的变化。

搭接在一起的线，其信号之间有可能形成线与，也有可能产生线或，具体由集成电路的制造工艺所确定。对于如图 7.5 所示的三输入与非门，如果信号线 x_1 与 x_2 短接，那么电路的功能就由图 7.5(a)变成图 7.5(b)，图 7.5(b)形成的是线与。如果在电路的同一条通路上输入端与输出端发生搭接，形成反馈回路，此时组合电路也就形成了时序电路，并可能发生振荡。

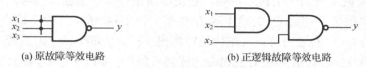

(a) 原故障等效电路　　　　　　　　(b) 正逻辑故障等效电路

图 7.5　桥接故障的等效电路

7.2.4　存储器故障

存储器故障主要有两类：一类是参数型故障，反映一个或多个直流、交流参数不满足功能定义的技术指标。其中，直流参数故障表现在输出逻辑电平、噪声容限、功耗等不满足设计要求。交流故障可表现在存储器的存取时间过长，存储单元的建立、保持时间不够长等；另一类是功能型故障，表现为电路功能与设计不符。如写入的数据与读出的数据不相同等。

7.2.5　其他类型故障

固定型故障和桥接故障都是指电路中某些点的信号取了错误的逻辑值，是一种静态的故障，而时滞故障是一种动态的故障。电路在低频时工作正常，而随着频率的升高，元件的延迟时间有可能超过规定的值，从而导致时序配合上的错误，发生时滞故障。

还有一种故障，要么它是不可激活的，要么无法检测出来，这种故障称为冗余故障，其特点是该故障不影响逻辑门的功能，如图 7.6 所示。图 7.6(a)电路中的故障 $f_{s\text{-}a\text{-}0}$ 为一种冗余故障，因为：

$$Z = \overline{AB} + E + \overline{CD} = \overline{AB} + \overline{BC} + \overline{CD} = \overline{A} + \overline{B} + \overline{C} + \overline{D} = \overline{AB} + \overline{CD}$$

比较等式的两边可知，$\overline{AB} + E + \overline{CD} = \overline{AB} + \overline{CD}$，因此，$E$ 点的 s-a-0 故障对输出 Z 的结果没有影响，故为冗余故障，也无法检测出来。

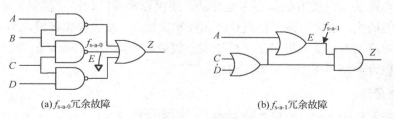

(a) $f_{s\text{-}a\text{-}0}$ 冗余故障　　　　　　　　(b) $f_{s\text{-}a\text{-}1}$ 冗余故障

图 7.6　冗余故障举例

类似地，对于图 7.6(b)中 E 点的故障 $f_{s\text{-}a\text{-}1}$，采用同样方法，可以得到：

$$Z = E(C+D) = (A+C+D)(C+D) = C+D$$

由 $E(C+D)=(C+D)$，可知 E 点的 s-a-1 故障也对输出 Z 的结果没有影响，为冗余故障。

7.3 测试向量生成

我们将测试时加在电路各输入端的向量称为测试码。为了要测出所有故障，需要多个测试码，将一组测试码的集合称为测试集。有了测试码和与其对应的无故障输出，就可以测试并判断出被测电路有无故障及故障的类型。

下面通过一个简单的实例说明测试向量生成的具体过程。如果电路中存在一个故障 f，为了测试故障，应构造电路的一个输入序列，它使电路至少有一个输出值与正常电路时不同。

图 7.7 所示电路中，与门 G_3 的输出端 E 存在一个 s-a-0 故障，为了检查该故障，应构造一个输入序列，使 G_3 门的输出与正常逻辑电路输出不同，显然 (x_1, x_2, x_3, x_4) 等于 $(0, 0, 0, 0)$、$(0, 1, 0, 1)$、$(1, 0, 0, 1)$、$(1, 0, 1, 0)$ 和 $(0, 1, 1, 0)$ 中的任何一组时，都能保证 G_3 输出值与正常值不同。如果要在电路原始输出端观察到 G_3 门的故障，该故障点的逻辑错误应能传输到电路的原始输出端。显然，当 $(x_5, x_6)=(1,1)$ 时，故障点的逻辑可以传输到电路原始输出端。所以，可得到 G_3 门的 s-a-0 故障的测试向量为表 7.1 中的任何一组向量。

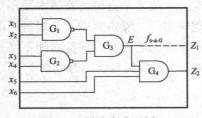

图 7.7 测试生成示例

表 7.1 测试向量

x_1	x_2	x_3	x_4	x_5	x_6
0	0	0	0	1	1
0	1	0	1	1	1
1	0	0	1	1	1
1	0	1	0	1	1
0	1	1	0	1	1

组合电路中，由于每个测试向量唯一决定一个无故障输出，因而每个测试向量都可以是一个测试。很显然，对于 n 个输入端的电路，最多有 2^n 个测试向量。当 n 不大时，2^n 个测试向量作为测试集还可以接受，但电路规模较大时，测试码数目增加太多就不可接受了。

1966 年 J. P. Roth 首先提出了一个组合电路测试的完全算法——D 算法。D 算法从理论上解决了组合电路的测试生成问题，即任何一个非冗余的组合电路中任意单个故障都可以用 D 算法找到测试它的测试码，它是一种完备的、便于计算机实现的算法，其基本思想一直沿用至今。源于 D 算法的面向通路判定的 PODEM 和面向扇出的 FAN 算法克服了 D 算法对解空间盲目搜索的缺点，能够较好地解决几千门的组合电路的测试生成问题。这些算法都属于启发式方法，组合电路的另一类方法是布尔差分法，还可以采用随机产生法等。相比之下，时序电路测试生成的研究，由于电路中存在存储元件和反馈线，发展较为缓慢，20 世纪 80 年代后期以来，时序电路的测试生成取得了一些进展，较著名的算法是 Essential 算法。

下面介绍组合电路常用的两种测试方法。

1. 布尔差分法

假设网络有 n 个输入端，如果在输入端加一个测试码 $X = (x_1, x_2, \cdots, x_n)$，则网络实现的功能定义为 $f(x) = F(x_1, x_2, \cdots, x_n)$。

定义

$$f(x_i) = f(x_1, x_2, \cdots, x_i, \cdots, x_n)$$
$$f(1) = f(x_1, x_2, \cdots, 1, \cdots, x_n) \tag{7.2}$$
$$f(0) = f(x_1, x_2, \cdots, 0, \cdots, x_n)$$

则布尔差分方程为：

$$\frac{\mathrm{d}f(x_i)}{x_i} = f(x_1, x_2, \cdots, x_i, \cdots, x_n) \oplus f(x_1, x_2, \cdots, \overline{x}_i, \cdots, x_n) \tag{7.3}$$

如果输入变量 x_i 发生故障，即产生变化 Δx_i，此时输出函数 $f(x_1, x_2, \cdots, x_i, \cdots x_n)$ 和 $f(x_1, x_2, \cdots, \overline{x}_i, \cdots, x_n)$ 之间产生变化 Δf。如果 $\Delta x_i \neq 0$ 时，有 $\Delta f \neq 0$，则表示故障已传播到网络的输出端。

差分法的主要性质有以下几点：

$$\frac{\mathrm{d}}{\mathrm{d}x_i} f(X) = \frac{\mathrm{d}}{\mathrm{d}x_i} \overline{f(X)}$$
$$\frac{\mathrm{d}}{\mathrm{d}x_i} f(X) = \frac{\mathrm{d}}{\mathrm{d}\overline{x}_i} f(X) \tag{7.4}$$

$$\frac{\mathrm{d}}{\mathrm{d}x_i} \left\{ \frac{\mathrm{d}}{\mathrm{d}x_j} f(X) \right\} = \frac{\mathrm{d}}{\mathrm{d}x_j} \left\{ \frac{\mathrm{d}}{\mathrm{d}x_i} f(X) \right\} \tag{7.5}$$

$$\frac{\mathrm{d}}{\mathrm{d}x_i} \{ f(X) \cdot g(X) \} = \left[f(X) \cdot \frac{\mathrm{d}}{\mathrm{d}x_i} g(X) \right] \oplus \left[g(X) \cdot \frac{\mathrm{d}}{\mathrm{d}x_i} f(X) \right] \oplus \left[\frac{\mathrm{d}}{\mathrm{d}x_i} f(X) \cdot \frac{\mathrm{d}}{\mathrm{d}x_i} g(X) \right]$$

$$\frac{\mathrm{d}}{\mathrm{d}x_i} \{ f(X) + g(X) \} = \left[\overline{f(X)} \cdot \frac{\mathrm{d}}{\mathrm{d}x_i} g(X) \right] \oplus \left[\overline{g(X)} \cdot \frac{\mathrm{d}}{\mathrm{d}x_i} f(X) \right] \oplus \left[\frac{\mathrm{d}}{\mathrm{d}x_i} f(X) \cdot \frac{\mathrm{d}}{\mathrm{d}x_i} g(X) \right] \tag{7.6}$$

若 $g(X)$ 与 x_i 无关，则式（7.7）可以简化为：

$$\frac{\mathrm{d}}{x_i} \{ f(X) \cdot g(X) \} = g(X) \cdot \frac{\mathrm{d}}{\mathrm{d}x_i} f(X)$$
$$\frac{\mathrm{d}}{\mathrm{d}x_i} \{ f(X) + g(X) \} = \overline{g(X)} \cdot \frac{\mathrm{d}}{\mathrm{d}x_i} f(X) \tag{7.7}$$

由以上的结论可以看出，测试引线 x_i 发生单故障 s-a-1 的充要条件是：

$$\overline{x}_i \cdot \frac{\mathrm{d}f(X)}{\mathrm{d}x_i} = 1 \tag{7.8}$$

同理，可以得到测试引线发生单故障 s-a-0 的充要条件是：

$$x_i \cdot \frac{\mathrm{d}f(X)}{\mathrm{d}x_i} = 1 \tag{7.9}$$

下面先举一个例子说明如何求 $\mathrm{d}f(X)/\mathrm{d}x_i$，见图 7.8。根据图 7.8，首先得到 $f(X)$ 的表达式为：

$$F = f(X) = x_1 x_2 x_3 + x_2 x_3 x_4 + \overline{x}_2 \overline{x}_4 \tag{7.10}$$

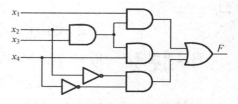

图 7.8　计算布尔差分法电路举例

因为 $x_2x_3x_4 + \overline{x}_2\overline{x}_4$ 与 x_1 无关，则根据式（7.8）有：

$$\frac{\mathrm{d}}{\mathrm{d}x_1}f(X) = \frac{\mathrm{d}}{\mathrm{d}x_1}\big[x_1x_2x_3 + (x_2x_3x_4 + \overline{x}_2\overline{x}_4)\big]$$

$$= \overline{x_2x_3x_4 + \overline{x}_2\overline{x}_4} \cdot \frac{\mathrm{d}}{\mathrm{d}x_1}(x_1x_2x_3)$$

$$= (\overline{x}_2 + \overline{x}_3 + \overline{x}_4)(x_2 + x_4) \cdot \frac{\mathrm{d}}{\mathrm{d}x_1}(x_1x_2x_3)$$

$$= (\overline{x}_2x_4 + \overline{x}_3x_2 + \overline{x}_3x_4 + \overline{x}_4x_2) \cdot (x_2x_3)$$

$$= x_2x_3\overline{x}_4$$

【例 7.1】 对于图 7.9 所示的国际标准 benchmark 电路 89C17，试求能够测试 x_8 线上 s-a-0 故障的测试向量。

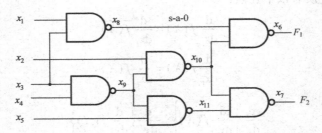

图 7.9　国际标准 benchmark ISCAS 89C17 电路

解： 首先求出输出 F_1 的函数表达式如下：

$$F_1 = \overline{x_8 \cdot x_{10}}$$

$$= \overline{x}_8 + \overline{x}_{10}$$

$$= \overline{x_1 + x_3} + \overline{x_2 + x_3 \cdot x_4}$$

由式（7.10）得到 x_8 发生单故障 s-a-0 的充要条件为：

$$x_8 \cdot \frac{\mathrm{d}F_1(X)}{\mathrm{d}x_8} = x_8 \cdot \frac{\mathrm{d}F_1(X)}{\mathrm{d}\overline{x}_8} = 1$$

则有：

$$x_8 \cdot \frac{\mathrm{d}F_1(X)}{\mathrm{d}\overline{x}_8} = x_8 \cdot \frac{\mathrm{d}(\overline{x}_8 + \overline{x}_{10})}{\mathrm{d}\overline{x}_8}$$

$$= x_8 \cdot \left(x_{10} \cdot \frac{\mathrm{d}\overline{x}_8}{\mathrm{d}\overline{x}_8}\right) = x_8 \cdot x_{10} = 1$$

即：

$$(x_1 + \overline{x}_3) \cdot (\overline{x}_2 + x_3 \cdot x_4) = (\overline{x}_1 + \overline{x}_3) \cdot \overline{x}_2 + (\overline{x}_1 \cdot x_3 \cdot x_4) = 1$$

可以得到满足 x_8 的 s-a-0 的测试码为：

$$(x_1, x_2, x_3, x_4) = (100\times\times),\ (00\times\times\times),\ (0\times11\times)。$$

布尔差分法理论很严谨，但大量的布尔表达式却十分繁杂，而且这种方法与电路实现的逻辑函数有关而与其拓扑结构无关，因而不能对故障进行定位检测。启发性算法是针对电路的故障定位测试的，具有很强的工程实用性和理论价值。

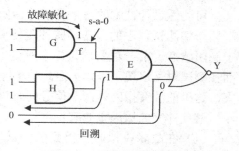

图 7.10　路径敏化法举例

2. 路径敏化法

启发性方法常用的是路径敏化法。

以图 7.10 为例，如果电路中存在一个故障，为了生成测试码测试该故障，必须满足下列两个条件：

第一是构造的测试向量应能够使得构造点 f 在正常情况下与故障情况下的状态不同。假设 G 门的输出端 f 存在一个 s-a-0 故障，为检测该故障，输入的测试向量应能使得 G 门的输出值为 1，这称为故障敏化。显然，G 门的输入$(a, b)=(1, 1)$时，G 门的正常值与故障值不同。

第二是要使输出端 Y 的正常值与有故障时的值不同，即输出的测试向量应能使故障点 f 的逻辑错误通过一条或几条路径传输到电路的输出端 Y。这样的路径称为敏化路径。很显然，对于 G 门的下一级门与门 E，只要它的另一个输入端为 1，同时最后一级的或非门的一个输入为 0，f 的故障值就可传输到输出端 Y。

在找到了敏化路径并给路径上的门的其他输入端加了限制之后，需要根据这些值从输出端向输入端回推，以最后确定输入端的测试码。有时，这种回推不成功，还要回溯，选择其他路径计算。

对图 7.10 的回溯结果是测试向量为$(1, 1, 1, 1, 0)$。

上面介绍的方法属于单路径敏化法，其优点是简单，缺点是不能保证对任一非冗余故障都能找到测试向量。这是由于单路径敏化的缘故，这种情况下，只要采用多路径敏化就能解决问题。

D 算法就是在立方体理论基础上实现多路径敏化的。由于采用立方体运算，容易用计算机实现并且对各类问题具有通用性，因此被广泛使用。

7.4　可测性设计

为了摆脱自动测试生成作为一个 NP 完全问题在计算复杂性上的限制，人们早已希望另辟蹊径，可测试性设计就是努力的方向之一。所谓可测性设计就是在电路的设计阶段就考虑电路的可测性，使设计出来的电路容易测试，容易找到测试码，从而使测试问题得以简化。具体讲可测性设计应注意以下几点：

● 测试向量尽可能少；
● 容易生成测试向量；
● 测试码生成时间尽可能短；
● 对电路其他性能影响最小。

可测性设计的理论基础是可控性和可观性。对于测试来说，可控性就是使得电路中各节点的电平值容易由外部信号控制，以便能够方便地对故障敏化。所谓可观性就是要能够方便地从外部输出端口观察内部故障的情况，也就是要使内部故障传播到输出端。对于时序电路的测试来说，如果能方便地控制和观察电路内部存储元件的状态，那么时序电路测试生成面临的问题将是只需处理组合电路，从根本上减轻测试生成的负担。

可测性设计技术的三个要素是初始化、可观察性和可控制性。

一切测试程序的最初步骤都是使所有的输入端达到已知状态，并使所有的双向引线端处于高阻状态。前一项要求是为了避免出现混乱。所谓混乱，指的是在模拟时出现不确定态，而在测试时又出现了确定的逻辑值（可能为1，也可能为0）。第二项要求很明显是为了避免冲突，这里的冲突指的是两个信号同时驱动一个双向引线。

避免冲突的原因主要有：

（1）在故障模拟时，得到的测试覆盖率不高。这是因为故障模拟器认为冲突出现时，引线端为不定态 Z。在对好的电路进行故障模拟时，如果输出端处于 Z 状态，则不能检测出故障。

（2）当冲突在下一个测试周期消失后，可能会产生一系列振荡余波。由于以上原因设计的电路要能够初始化。

可控制性是对电路内部每个节点的置位与复位的能力。

例如，对于图 7.11 所示的组合电路，G 点为逻辑 0，要求(D，E)=(1，0)、(0，1)或(1，1)。四种组合中有三种组合可以使 G=0，也就是说 G=0 的可控制概率为 3/4。G=1 的可控制概率为 $P(G=1) = 1/4$。那么利用概率理论可以计算出 H 点的可控制概率：

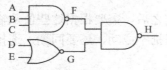

图 7.11　组合逻辑电路的可控性举例

$$P(H=1) = P[(F=0) \bigcup (G=0)]$$
$$= P(F=0) + P(G=0) - P(F=0) \cdot P(G=0)$$
$$= 1/8 + 3/4 - (1/8) \cdot (3/4) = 25/32$$
$$P(H=0) = 1 - P(H=1) = 7/32$$

可观察性是直接或间接地观察电路内部任何节点状态的能力。可观察性不高的电路设计被认为隐蔽逻辑数量过多。

例如，要在输出端观察 F 的状态，要求 G=1，也就是要求(D，E)=(0，0)。D 和 E 的四种组合中只有一种组合可以从 H 观察，所以从 H 端观察 F 的逻辑值的随机概率是 1/4。

我们可以定义电路中某一节点的易测试性为该点的随机可控制概率与该节点的随机可观察性概率的乘积。例如，F=0 的随机可测试概率为 1/8×1/4=1/32。也就是说，在输入测试码的所有随机组合作用下，F 发生 s-a-1 故障的被测试出来的概率只有 1/32。

时序电路的易测试性的计算比组合电路的计算要困难得多。因为这种计算不仅与施加的逻辑输入有关，而且还与电路的状态、时钟的节拍数有关。尤其是电路中存在反馈线时，计算十分困难。

目前对电路的可测性设计主要有两种手段，一种是针对电路的特定方法，另一种是变化电路结果的可测性设计方法。前一种方法采用的是针对某种电路的具体方法，后一种方法采用一种通用的可测性设计方法和规则来推广电路的可测性，典型的技术是扫描（Scan）设计技术。

7.4.1　扫描路径法

一个同步时序系统一般可看成由组合电路（下一个状态电路和输出电路）和时序电路两部分组成，通过把这两部分分开测试可以大大降低测试的复杂度。扫描路径法就是这样一种测试同步时序系统的方法，能够提供较高质量的测试码，使测试设计过程自动化，并能全面缩短测试运行时间。其基本原理是：把系统中的所有寄存器连成一个移位寄存器链，使得余下电路成为组合逻辑电路，且每个组合电路只存在于一个寄存器链的输入端和另一个寄存器输出端之间，以满足可控性和可观性要求，这样做实际上是将待测电路转变成了一个组合电路实体。

图 7.12 所示是一种串行扫描测试方式，其中组合逻辑 A 的前后两个寄存器被连接成移位寄存器，通过扫描输入 SI 施加测试向量对组合逻辑 A 进行测试，测试结果可以从 SO 移出，并对结果加以分析判断，从而实现时序电路的测试。

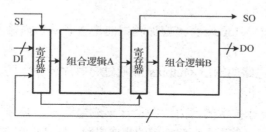

图 7.12　基于扫描的测试结构

扫描路径法中的寄存器需要支持两种工作模式：正常工作模式和测试模式，因而必须将普通寄存器替换为扫描单元。

图 7.13 给出了由若干个扫描单元构成的扫描路径，每个扫描单元（虚框所示）由一个寄存器和多路器组成，它有 3 个输入端：扫描输入 SI、数据输入 DI 和模式选择 M。在正常工作模式时，M=0，多路器连接组合电路和寄存器，完成同步时序系统正常的逻辑功能；在测试模式时，M=1，多路器使寄存器形成一个移位寄存器链，便于测试信号从 SI 串行移入以及测试结果从 SO 移出。

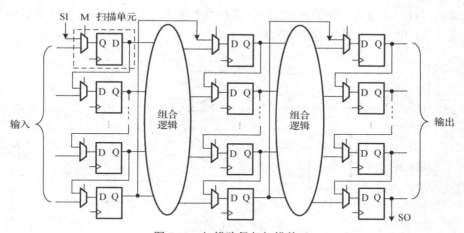

图 7.13　扫描路径与扫描单元

扫描路径是通过以下步骤实现对时序电路的测试的。

步骤 1：使 M=1，测试移位寄存器链本身；

若给 SI 端加上一串 0、1 序列，则经过 n 个（n 等于移位寄存器链中触发器的个数）时钟周期在 SO 端将会出现相同的 0、1 序列。可用"001100…"序列作为输入序列，这样就可测试触发器状态是否正常反转、是否稳定等。

步骤 2：测试组合电路与时序电路之间的连接情况。

● 使 M=1，这时移位寄存器处于串入/并出状态，通过 SI 把一个测试矢量加到触发器的输入端，使时序元件位于某种状态；

● 使 M=0，把组合电路的输出信号送入时序元件；

● 再使 M=1，这时移位寄存器处于并入/串出状态，经过 $n-1$ 个时钟周期把触发器采集的数据通过 SO 移出，判断连接电路是否有故障。

步骤 3：测试组合电路。

● 可从组合电路的输入 Inputs 直接施加测试向量或者从扫描输入端 SI 逐位移入测试信号进行测试；

● 可直接观察组合电路的输出 Outputs 或通过将时序元件中的状态移出，从扫描输出端 SO 对结果进行分析。

为了充分利用扫描设计技术的潜力，在设计集成电路时，必须严格遵守可测试性的设计规则。原则上讲，扫描技术可使用于任何规模的集成电路，但是它常应用于超过 1.5 万～5.5 万门以上的集成电路的设计中。选择的生产厂家也应支持扫描技术，而且还应该拿出 15%～20% 的芯片面积用来安排扫描线路。同时分析工具和测试系统都应该和扫描技术相适应。

图 7.13 所示的扫描路径法是最基本的扫描设计，需要的管理代价也低，但是在进行扫描切换时很容易引起竞争冒险，从而引起扫描电路误激发，使测试失败。采用电平触发取代边缘触发方式可以克服竞争问题。采用电平触发的扫描电路设计称为电平敏感扫描设计（Level Sensitive Scan Design，LSSD），由 IBM 公司于 1977 年提出。

图 7.14 为 LSSD 的基本扫描单元，称为移位寄存锁存器（Shift Register Latch，SRL），它包含了两个交叉耦合的与非门组成的锁存器 L_1 和 L_2。L_1 是正常工作的状态存储器件，具有系统数据输入（D）、系统时钟输入（C）、扫描数据输入（SI）、移位时钟（A 和 B）、系统数据输出（Q）以及扫描数据输出（SO）。

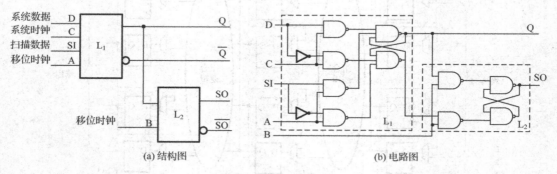

(a) 结构图　　　　　　　　　　　　　(b) 电路图

图 7.14　SRL 的构成

在 SRL 工作过程中，时钟信号起了十分重要的作用。参见图 7.14(b)，假设 A、B 保持为 "0" 电平，即移位时钟无效。当 C 从 "0" 变为 "1" 后，数据输入端的输入信号只能控制 L_1 拴锁器的输出。当 D 为 "1" 时，L_1 的输出也变为 "1"；如果 D 输入为 "0"，L_1 的输出也变为 "0"。一旦 D 到达 L_1 的输出端，系统时钟 C 就可以从 "1" 变到 "0"。C 变回到 "0" 后，数据输入 D 将由 L_1 的反馈通路锁存起来。移位时钟 A、B 的工作原理类似。例如，当 B 由 "0" 变为 "1" 后，L_1 的值被传送到 L_2 的输出端；当 B 变回到 "0" 后，输入的数据即被锁存起来。

　　由 SRL 的工作过程可以看出，SRL 单元是一个电平检测的结构，它对于任何允许的输入信号的稳态响应与信号路径的上升、下降或信号延迟时间无关，SRL 的器件结构也确定了 LSSD 系统具有电平测试的特征。

　　LSSD 也分为正常模式和测试模式两种工作模式。在测试方式下，C=0，可将触发器连成移位寄存器链的形式，在移位时钟 A、B 的作用下工作。

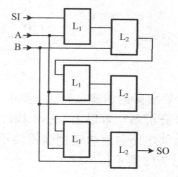

　　例如，图 7.15 是 LSSD 中由三个扫描单元组成的一个移位寄存器链。只要在扫描输入端 SI 置入测试序列，并在 n 个（n 等于所有被测试的移位寄存器的级数）周期后，从最终的一个扫描输出端 SO 就可以依次观察到测试数据，从而了解寄存器的工作状况。整个设计方案只要增加四个端口：测试数据扫描输入 SI、扫描时钟 A 和 B、扫描输出 SO，就可以测试所有触发器的工作状态，实现了易测试的目的。

图 7.15　LSSD 中的扫描移位寄存器链

　　除了用扫描单元代替锁存器单元以外，集成电路设计的其余线路图输入和以前一样。另外还应进行扫描设计规则的检查，以验证设计确实符合扫描设计的基本条件。例如，如果采用扫描设计技术，就要切实避免在设计中使用全局反馈。如果条件许可，也可以采用扫描设计的综合工具，将非扫描的线路转换成扫描设计的线路，用扫描单元代替通常的锁存器，加上扫描时钟线路，并将扫描单元链结成链。综合完成以后，也有可能需要调整综合后的设计线路以满足时序的需求条件。设计验证结束后，就可以进入测试工程的开发阶段了。运行自动测试码生成程序以生成扫描测试码，故障覆盖率通常可以超过 99%。

　　时序电路的易测试性结构设计在很大程度上缓解了测试生成的困难，然而扫描路径法和 LSSD 法都存在着一些共同的问题：

- 一旦采用扫描设计技术，就要确实从线路图的获取，一直到在测试系统上进行成品器件的测试都要采用支持扫描设计技术的方法。如果不能完全做到，为扫描设计而增加的芯片面积将白白浪费。
- 为了使触发器是无竞态的，就要加长时钟周期，使系统的工作速度减小，不利于高速系统的应用。

7.4.2　内建自测试（BIST）

　　BIST（Built-In Self-Test）是集成电路的一种测试方法，它在集成电路芯片内部增加产生测试码和对测试结果进行分析的电路。在外部测试命令方式下，电路进行自我测试，并给出结果。图 7.16 为内建自测试原理图。

图 7.16　内建自测试原理图

　　测试码生成器通常为伪随机数发生器，图 7.17 是一个四位的线性反馈移位寄存器，简称 LFSR（liner Feedback Shift Register），置初始状态 $Q_1Q_2Q_3Q_4=$ 1000，在一系列时钟 CLK 的作用下，4 个 D 触发器输出一串周期为 15 的 0、1 信号，这串信号近似为伪随机序列，因此称此 LFSR 为伪随机数发生器。

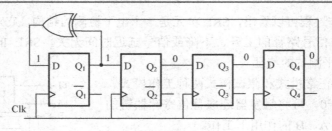

图 7.17　四位 LFSR

在实际的内建自测试电路中，输出响应分析器几乎都采用特征分析法（signature analysis）。特征分析器也可以由 LFSR 构成，这种既可以用作为内测试码生成器，又可以作为特征分析器的电路称为内建逻辑模块观察器（Built In Logic Block Observer，BILBO），其逻辑图如图 7.18 所示。

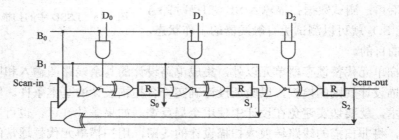

图 7.18　BILBO 结构

这是一个三位的 BILBO 逻辑图，其中 B_0、B_1 为控制端口，D_0、D_1 和 D_2 来自组合逻辑网络，S_0、S_1 和 S_2 连接到下一个组合逻辑网络。

BILBO 共有 4 种工作方式：

（1）$B_0=1$，$B_2=0$ 时，电路既可以作为伪随机数发生器，也可以作为特征分析器。如果 $D_0D_1D_2=(0000)$，则该电路是一个伪随机数发生器，伪随机序列的长度为 2^3-1。如果保持 D_1、D_2 不变，待分析数据从 D_0 输入，则该电路为串行特征分析器。若数据同时由 D_0、D_1、D_2 输入，电路就构成一个三位并行特征分析器。

（2）当 $B_0=0$，$B_1=1$ 时，所有触发器的输入均为 0，在时钟作用下，三个触发器均置 0，所有触发器复位。

（3）当 $B_0=0$，$B_1=0$ 时，开关接通 Scan-in，电路构成一个三位移位寄存器。Scan-in 为外部串行数据输入，Scan-out 为串行数据输出，电路工作于扫描测试方式。

（4）当 $B_0=1$，$B_1=1$ 时，电路为三个独立的触发器，处于正常工作状态。

设计具有 BIST 的集成电路时一定要十分谨慎，无论在什么情况下都要采取措施，使特征分析器的寄存器只能获取有效可靠的数据。因为在生产线上，只要特征中有一位数据不对，就可以判定该器件为不合格。

BIST 方法经常用于存储器的测试中，如图 7.19 所示为用于存储器测试的 BIST 原理图，其中有限状态机（FSM）负责产生存储器存取的读/写控制信号（R/W）、地址信号（address）和测试数据（data-in），待测的存储器在这些信号的控制下产生输出数据（data-out），通过信号分析器的分析，可以判断存储器是否合格、是否能够正确读写。

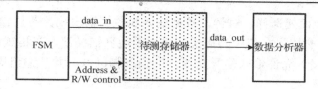

图 7.19　BIST 用于存储器的测试

7.4.3　边界扫描测试

边界扫描测试发展于 20 世纪 90 年代，随着大规模集成电路的出现，表面贴装技术以及高密度封装（BGA）的使用，使得芯片引脚多，元器件体积小，印制电路板（PCB）的密度越来越高，传统的在线测试（In-Circuit Test，ICT）由于测试精度问题无法满足这类产品的测试要求。

所谓"在线"是指 ICT 通过对在线路上的元器件或开/短路状态的测试来检测电路板的组装问题。图 7.20 是传统的针床测试示意图，针床与已焊接好的电路板上的元器件接触，并用数百毫伏电压和 10 毫安以内的电流进行分立隔离测试，从而精确地测出所装电阻、电感、电容、二极管、三极管、集成块等通用和特殊元器件的漏装、错装、参数值偏差、电路板开路/短路等故障，并将故障是哪个元件或开路/短路位于哪个点准确告诉用户。针床式在线测试仪的优点是测试速度快，测试设备价格较便宜，适合于单一品种民用型家电电路板及大规模生产的测试。

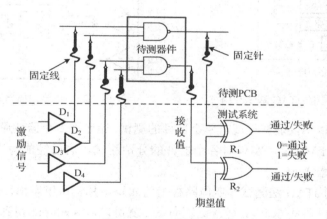

图 7.20　ICT 测试示意图

随着集成电路工艺及封装技术的不断发展，为了简化芯片及 PCB 的测试过程、统一测试方式，欧洲的计算机、通信及半导体厂家成立了联合测试行动组（Joint Test Action Group，JTAG），并于 1986 年提出了标准的边界扫描体系结构，并成为 IEEE 的 1149.1 标准，现在绝大多数的高级器件（如 CPU、DSP、FPGA 器件等）都支持 JTAG 协议。在 JTAG 协议中，边界扫描的基本思想就是在靠近芯片 I/O 引脚的边界处增加一个称为边界扫描单元（Boundary-Scan Register Cell，BSC）的移位寄存器，通过它及其他附加的测试控制逻辑实现对芯片输入/输出信号的观察和控制。

图 7.21 为 IEEE 1149.1 中定义的 JTAG 基本架构，其标准接口是 4 线：TMS、TCK、

TDI 和 TDO，分别为模式选择、时钟、数据输入和数据输出线。芯片输入/输出引脚上的边界扫描单元相互连接起来，在芯片的周围形成一个边界扫描链，在测试访问口（Test Access Port，TAP）的控制下，允许输入信号从器件的输入脚进入，并从输出脚串行导出，从而实现对器件的测试。

芯片的每个 I/O 引脚都有一个边界扫描单元，图 7.22 显示了两个边界扫描单元的连接，每个扫描单元有两个数据通道：一个是测试数据通道，其输入和输出分别为 TDI 和 TDO；另一个是正常数据通道，输入和输出分别为 NDI 和 NDO。在正常工作状态下，输入和输出可以自由通过每个边界扫描单元，从 NDI 进，从 NDO 出，这些边界扫描单元对芯片来说是透明的，因此，正常的运行不会受到任何影响。在测试状态下，则可以为数据的流动选择不同的通道：对于输入 IC 引脚，可以选择从 NDI 或 TDI 输入，对于输出引脚，可以选择从扫描单元输出数据至 NDO，也可以选择输出至 TDO。

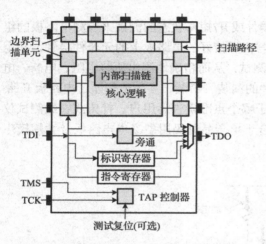

图 7.21 IEEE 1149.1 的 JTAG 基本结构

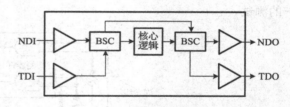

图 7.22 边界扫描单元的连接

基于 JTAG 的测试不仅能够实现对单个器件的测试，还允许多个器件通过 JTAG 接口串联在一起，形成一个 JTAG 链，实现对各个器件的分别测试，这已经成为当今最流行的 DFT（Design For Test）技术之一。

图 7.23 所示为用 JTAG 法测试印制电路板上的 4 块芯片。可以看出，若板上的 4 块芯片都支持 JTAG 协议，只要从 Scan-in 送入测试向量，就可以从 Scan-out 得到测试结果，通过对测试结果的分析，就可以判断出这 4 块芯片的好坏。

JTAG 测试法的优点如下：

● 显著减少板上的物理引脚数；
● 提高了器件的密度；
● 减少测试设备成本；
● 缩短测试时间；
● 提高测试效率。

下面简要介绍 JTAG 的控制电路，它主要由三个部分组成：测试访问口（TAP）控制器、指令寄存器（包括指令译码器）和数据寄存器，如图 7.24 所示。

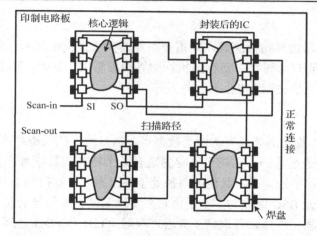

图 7.23 用 JTAG 法测试印制电路板上的多块芯片

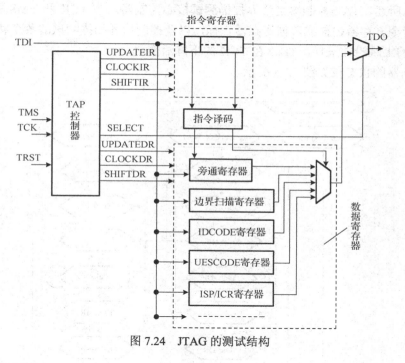

图 7.24 JTAG 的测试结构

1. TAP 控制器

这是边界扫描测试核心控制器。TAP 有以下 5 个控制信号。

- **TMS**：测试模式选择引脚。该引脚信号控制测试逻辑操作，是 PCB 上芯片的最常用引脚。
- **TCK**：测试时钟引脚。根据 TMS 和 TDI 引脚的状态，由 TCK 实现数据移入操作。
- **TDI**：测试输入引脚。它是移位寄存器的串行数据输入，连接芯片外围所有的存储单元。
- **TDO**：测试数据输出引脚。为串行数据输出，通过该引脚，数据在 TCK 信号的负沿将数据移出器件。
- 可选引脚 **TRST**——测试复位，输入引脚，低电平有效。

2．指令寄存器

若执行数据寄存器边界扫描测试，则指令寄存器负责提供地址和控制信号去选择某个特定的数据寄存器。也可以通过指令寄存器执行边界扫描测试，这时，TAP 输出的 SELECT 信号选择指令寄存器的输出去驱动 TDO。

3．数据寄存器

IEEE 标准 1149.1 规定必须具有的两个数据寄存器是边界扫描寄存器和旁通（bypass）寄存器，其他的寄存器是可选的。由指令寄存器选择某个特定的数据寄存器作为边界扫描测试寄存器，当一个扫描路径选定后，其他的路径处于高阻态。边界扫描寄存器是由围绕 IC 引脚的一系列边界扫描单元 BSC 组成的，正是由它来实现测试引脚信号的输入、输出；旁通寄存器只由一个扫描寄存器位组成，若选择了旁通寄存器，TDI 和 TDO 之间只有一位寄存器，实际上没有执行边界扫描测试，旁通寄存器的作用是为了缩短扫描，对不需要进行测试的 IC 进行旁路。如上所述，TAP 控制器是边界扫描测试核心控制器。在 TCK 和 TMS 的控制下，可以选择使用指令寄存器扫描或数据寄存器扫描，以及控制边界扫描测试的各个状态。TMS 和 TDI 在 TCK 的上跳沿被采样，TDO 在 TCK 的下降沿变化。

TAP 控制器的状态机如图 7.25 所示。

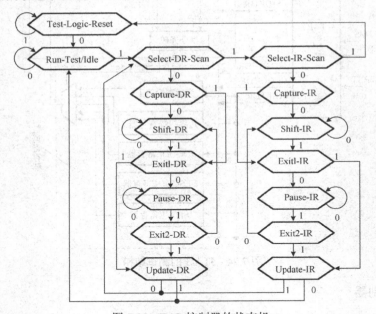

图 7.25　TAP 控制器的状态机

图 7.25 中，TAP 控制器的状态机只有 6 个稳定状态：测试逻辑复位（Test-Logic-Reset）、测试/等待（Run-Test/Idle）、数据寄存器移位（Shift-DR）、数据寄存器移位暂停（Pause-DR）、指令寄存器移位（Shift-IR）和指令寄存器移位暂停（Pause-IR）。其他状态都不是稳态，而只是暂态。在上电或 IC 正常运行时，必须使 TMS 最少持续 5 个 TCK 保持为高电平，则 TAP 进入测试逻辑复位态。这时，TAP 发出复位信号使所有的测试逻辑不影响元件的正常运行。若需要进行边界扫描测试，可以在 TMS 与 TCK 的配合控制下，退出复位，进入边界扫描测试需要的各个状态。

对于需要进行 IC 元件测试的设计人员来说,只要根据 TAP 控制器的状态机设计特定的控制逻辑,就可以进行 IC 元件的边界扫描测试或利用 JTAG 接口使 IC 元件处于某个特定的功能模式。

JTAG 协议规定了两种测试器件类型:主控器件和受控器件。能在 JTAG 总线上提供 TCK 和 TMS 信号的器件叫主控器件,把 TCK 和 TMS 作为输入以确定完成什么功能的器件称为 JTAG 受控器件。总线上可以有多个受控器件,但任何时候只能有一个主控器件工作。

每个测试结构必须有一个主控器件的主控器,它能控制 JTAG 总线上的所有受控器件,如图 7.26 所示。

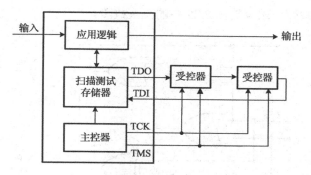

图 7.26　JTAG 中的主控与受控器件

在指令或数据扫描时,主控器对扫描路径上每个扫描单元发一个时钟脉冲,此主控器跟踪经过 IC 的当前扫描路径长度。

为了完成一个测试功能,一个受控器必须接受一个指令扫描,也就是对器件的串行指令寄存器送数或取数的一个扫描序列。类似地,一个数据扫描也就是对一个受控器的指令寄存器,选择它的数据扫描路径送数或取数的一个扫描路径。随着新的指令或数据扫描进到一个受控器中,指令或数据寄存器的以前状态同时扫描出来。对于芯片设计者来说,就是如何设计测试总线的主控器与受控器。前面所述的测试体系结构实际上就是一个测试总线的受控器。总线主控器与受控器不同之处是,它要发送 TCK 和 TMS 信号。它们可按各种测试路径的状态来设计。有关测试逻辑状态的形成方法,以及测试指令的安排可参考有关文献。

习题

7.1　可测试性设计的对象是什么？为什么要进行 VLSI 的可测试性设计？

7.2　什么是检测故障的测试向量？试编写检测图 7.27 中 X 点的 s-a-1 故障的测试向量。

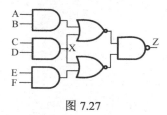

图 7.27

7.3　什么是电路的故障模型？举例说明主要的故障模型及它们的特点。

7.4　在图 7.28 中，分别给出测试 1/1、5/1、9/0 错误的测试向量。

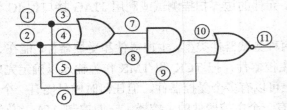

图 7.28

7.5　什么是冗余故障？试分析图 7.29 中的冗余故障。

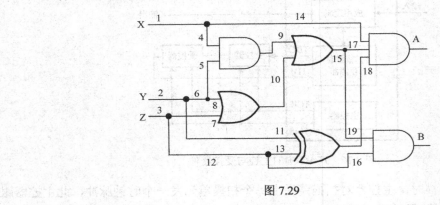

图 7.29

7.6　试分析下列可测试性设计技术的特点：扫描测试，内建自测试。

7.7　试分析图 7.17 所示电路的工作原理，它由 4 位线性移位寄存器组成，试写出 $Q_1Q_2Q_3Q_4$ 的状态方程。

7.8　什么是标准化结构测试方法？如果在专用电路设计中采用 JTAG 方法从事可测性设计，需要哪些引脚？它们分别起什么作用？

第 8 章　集成电路的模拟与验证技术

8.1　设计模拟与验证的意义

模拟验证技术已成为当今 ASIC 设计必不可少的一个组成部分。模拟技术主要从以下几个方面影响 ASIC 设计：

（1）可利用设计者以往的经验。在系统结构设计阶段，有时并不完全知道所设计系统的确切功能。采用行为级模拟工具，设计者可方便地从事系统的功能设计、功能实现以及设计方案的优化工作。行为级设计中，简单的功能改变只需修改若干行为描述语句。另外，在较低的设计层级，也可以使用逻辑单元级、开关级、电路级等模拟工具帮助设计者确定电路的性能。

（2）可帮助设计者验证和修改复杂的设计。随着 ASIC 功能的日益复杂，功能的验证和修改工作变得越来越困难。如果在设计实现之前未能彻底修正功能设计中的错误，则在工艺制造之后的任何纠错工作都要花费昂贵的代价。模拟技术能在芯片制造之前对系统的整体功能进行彻底的验证。

（3）可缩短设计周期。如果没有模拟技术，所有的设计验证和分析工作不得不由人工方法完成，显然这种验证和修正错误工作是非常耗时的。而采用模拟技术可以降低设计成本和减小设计周期，模拟的另一个重要作用是能够实现许多用人工方法无法实现的设计验证。

（4）可减少查找错误的时间与成本。ASIC 设计中可能存在许多问题，这些问题隐藏的时间越长，发现后修改设计花费的代价越大。不同设计层级的模拟工具可以对不同阶段的设计方案进行详尽的模拟与验证。为了尽早发现设计中隐藏的问题，应对每一层级的设计进行彻底的模拟与验证。如果对模拟结果的正确性不加考虑就直接进入下一级的设计，虽然表面上加快了模拟的进度，但可能遗漏设计中的问题并使整体设计成本增大。

（5）可降低硬件调试难度。尽管硬件调试并不是验证系统正确性的最好方法，但它仍广泛用于 VLSI 芯片的设计验证。这是因为系统级模拟中，行为级模拟的模型是由较高层级抽象语句描述的，显然这种软件的模拟验证不能完全替代硬件实体的调试。

（6）测试生成。模拟技术在测试激励的产生与确定它们的响应中发挥了重要作用。根据设计系统的不同，可以有不同的测试形式，它们是：①芯片制造测试：用于检查芯片加工的正确性，如检查某些特定功能以及电学参数的测试图形。②系统参数测试：对加工成功的系统必须完成的某些标准进行测试。③系统功能测试：验证系统是否满足设计规范的功能定义。这种测试往往是非常耗时的。测试向量可借助于模拟工具产生。

VLSI 设计者的任务就是以尽可能少的反复过程获得正确的设计。本章将介绍几种不同设计层级的模拟验证方法。

VLSI 系统设计的复杂性除了使设计周期变长之外，还造成设计人员缺乏。因为随着芯片功能复杂性的上升，要求设计者不仅是一位电路设计者，而且要成为逻辑设计、计算机体系结构以及应用设计软件的专家。为了解决 VLSI 芯片设计的危机，需要有效的设计自动化工具。

模拟技术按照其所处的电路抽象级别不同，由低到高可以分为：

● 电路级模拟：也称为晶体管级模拟，主要对少量的晶体管电路进行模拟；

● 开关级模拟：用简化的晶体管模型对电路的开、关状态进行仿真；

● 门级模拟：用硬件描述语言在一段连续的时间内对门级电路的逻辑电平进行仿真；

● RTL 级模拟：用硬件描述语言在离散的时间点上（如周期）对电路的逻辑值进行仿真；

● 系统级模拟：用 C 语言等高级语言对电路的行为级进行分析。

图 8.1 所示为一个反相器在几种不同层次上的模拟示意图。可以看出，随着模拟层次的降低，模拟的结果越接近实际情况，模拟所花的时间也越长。下面主要对常用的电路模拟、逻辑模拟以及定时分析进行简要介绍。

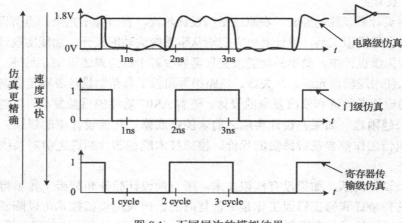

图 8.1　不同层次的模拟结果

8.2　电路模拟

如前所述，电路级模拟主要对由少量晶体管组成的电路进行模拟，可以进行直流、交流、瞬态分析，得到功耗、延时等性能估计。模拟的结果可用于指导电路参数的调整，使所设计的电路性能得到优化。电路模拟对于集成电路的单元电路设计尤为重要。因为在给定工艺下，集成电路底层模块和单元电路的电学特性、电路结构、晶体管尺寸、布局布线的风格等对电路性能的影响很难用实验板进行验证。

电路模拟常用的软件是 SPICE（Simulation Program with Integrated Circuit Emphasis）。该软件由美国加州大学伯克利分校开发，其中包括集成电路晶体管的多种数学模型。SPICE 模拟是在晶体管电路级描述电路的结构，包含了晶体管的电学参数、几何参数，可以方便地根据模拟结果修改电路结构及晶体管参数，以便获得满意的设计方案。

图 8.2 给出了基于 CMOS 两输入与非门的异或门的 SPICE 仿真设计，其中图 8.2(a)是两输入与非门的电路结构，图 8.2(b)给出了异或门的结构组成，图 8.2(c)为异或门的仿真设置，仿真结果在图 8.3 中给出。

从图 8.2(a)可以看到，两输入与非门共有 4 个晶体管，分别为 PMOS 管 M1、M2，以及 NMOS 管 M3 和 M4。VDD 和 VSS 分别为电源和地线的节点，上、下两个输入节点分别为 top_in 和 bot_in，输出节点为 out，节点 2 为 M3 和 M4 之间的内部节点。

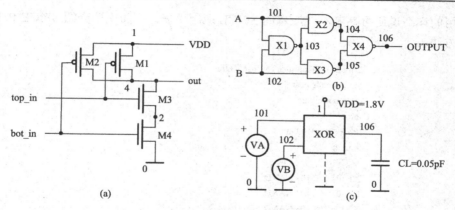

图 8.2　由二输入与非门构成的异或门

图 8.2(b)的异或门共采用了 4 个这样的与非门 X1～X4，两个输入端 A、B 的节点编号为 101 和 102，3 个中间节点的编号别为 103～105，输出端 OUTPUT 的编号为 106。

为了对异或门进行仿真，在它的两个输入端分别加上信号源 VA 和 VB，输出端接 0.05pF 的负载电容 CL。图 8.3 给出了输入、输出及全部中间节点的仿真波形。

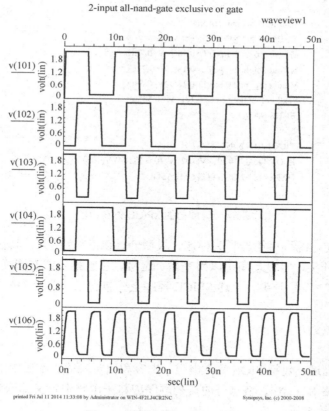

图 8.3　异或门的 SPICE 仿真

图 8.4 给出了与图 8.2 所示异或门相对应的 SPICE 文件描述，它由 4 部分组成，分别是：电路标题部分、电路描述部分、分析请求命令与输出部分以及晶体管模型与参数部分。有关

SPICE 使用的详细说明可参考不同版本的 SPICE 应用手册。下面简要介绍 SPICE 仿真程序设计的基本方法。

```
2-input all-nand-gate Exclusive OR
.option node post
.option accurate
.prot
.lib 'E:\mm018.l' tt
.unprot

X1 101 102 103 NAND
X2 101 103 104 NAND
X3 103 102 105 NAND
X4 104 105 106 NAND

VDD 1 0 DC 1.8
CL 106 0 0.05p
.GLOBAL 1
VA 101 0 PULSE(0 1.8 0n 0.1n 0.1n 4.8n 10n)
VB 102 0 PWL(0 1.8 2.5n 0.1n 0.1n 4.8n 10n R 0n)

*Define subcircuit NAND
.SUBCKT NAND top_in bot_in out
M1 out top_in 1 1 pch L=0.18U W=0.72U
M2 out bot_in 1 1 pch L=0.18u W=0.72U
M3 out top_in 2 0 nch L=0.18U W=0.54U
M4 2 bot_in 0 0 nch L=0.18U W=0.54U
.ENDS NAND

.TRAN .01N 50N
.PLOT TRAN V(101) V(102) V(103) V(104) V(105) V(106)
.OPTIONS PROBE POST MEASOUT
.END
```

图 8.4　异或门的 SPICE 仿真程序

SPICE 语法规定，源程序第一行为标题，最后一行以.END 结束，其他语句可按任意顺序排列。命令以"."开头，字段之间可以用空格、逗号、左圆括号或右圆括号隔开。"+"号为续行符。注释行以"*"号开头。上述 SPICE 程序主要包含以下几个部分：

（1）标题。

（2）控制选项叙述。

　　　.OPTION

（3）电路结构描述，包括 MOS 管、电阻、电容和信号源等。本例中的异或门需调用 4 个二输入与非门子电路 X1～X4，节点号的排列顺序应与子电路中定义的一致，即上、下输入和输出，NAND 是子电路名。

图 8.4 中的电路描述部分给出了信号源 VA 和 VB 的描述，它们分别为脉冲信号和分段线性信号。信号源描述的一般格式为：

　　　信号名　高电压节点号　　　低电压节点号　直流电压或随时间变化的信号源

例如，脉冲信号的格式为：

PULSE(V1 V2　t_d　　t_r　　t_f　　p_w　　period)

各参数定义及缺省值为：

参数	说明	缺省值
V1	初始值	不可省略
V2	脉冲值	不可省略
t_d	延迟时间	0
t_r	上升时间	时间增量
t_f	下降时间	时间增量
p_w	脉冲宽度	终止时间
period	周期	终止时间

分段线性信号则由几条线段组成，只需要给出各线段转折点的坐标数据即可，其格式如下：

PWL (t1 V1 <t2 V2 t3 V4 …> < R < = repeat > >　<TD = delay>)

各参数定义及缺省值为：

参数	说明	缺省值
t1	分段点时间	不可省略
V1	电压或电流值	不可省略
t2	分段点时间	可省略
V2	与 t2 对应的电压或电流值	可省略
R	分段重复功能	可省略
Repeat	分段重复的波形起始点	可省略
Delay	延迟时间	0

另外一种常用的随时间变化的信号源是正弦信号，其格式为：

SIN (V_o　　V_a　　<freq　　t_d　　theata>)

各参数定义和缺省值如下：

参数	说明	缺省值
V_o	偏移量	0
V_a	幅值	1
freq	频率	1/终止时间
t_d	延迟时间	0
theata	下降时间	0

上例中，根据上述描述方法得到的 VA 和 VB 的描述如下：

VA　101　0　　PULSE (0　1.8　0n　　0.1n　0.1n　4.8n　10n)

VB　102　0　　PWL (0n　0　　2.5n 0　　2.6n 1.8　7.4n 1.8　7.5n 0　　+10n0　　R　0n)

其中，信号源 VA 连接在节点 101 和 0 之间，它是初值为 0V、幅值为 1.8V 的脉冲信号，信号的延迟时间、上升时间和下降时间分别为 0ns、0.1ns 和 0.1ns，信号的脉冲宽度为 4.8ns，周期为 10ns。信号源 VB 接在节点在 102 与 0 之间，它的初始电压为 0V，分段线性的结束点为 10ns，之后波形从 0ns 开始重复。

（4）子电路、器件模型和参数的描述。

子电路的描述格式为：

.SUBCLT subname n1 <n2, n3, …> <parname=val>

子电路结构描述

　　.ENDS

其中，n1<n2, n3,…>为需要连接外部的子电路的节点号，<>括号项为可省略项。

　　本例要描述一个二输入与非门，它由 2 个 PMOS 管和 2 个 NMOS 管构成。MOS 管有 4 个连接端，其中衬底的连接由晶体管描述给出。4 个连接端的描述顺序为漏、栅、源极和衬底。在 P 阱 CMOS 工艺中，N 管制作在 P 阱内，P 管直接在衬底上形成，P 阱和衬底分别接地和电源。SPICE 可以选择不同近似程度的晶体管等效电路模型。图 8.2(a)中 M1 晶体管为 PMOS 管，其模型名为 pch，沟道宽度和长度分别用 W 和 L 表示，单位 UM 表示微米。

　　器件模型和参数描述：电路模拟结果的精确性很大程度上依赖于晶体管的模型参数的精确度。SPICE 中将 MOS 场效应管模型分成不同级别，用变量 Level 来指定所用的模型，常用的 MOS 场效应管模型有：

- Level=1：也称为 Shichman-Hodges 模型，是一种最简单的模型，计算速度快，适合于手工计算，但不精确。
- Level=2：也称为 Grove-Frohman 模型，是一种基于几何图形的分析模型，考虑了小尺寸器件的一些二级效应的影响，包括沟道长度、宽度对阈值电压的影响，迁移率随表面电场的变化，沟道夹断引起的沟道长度调制效应等。
- Level=3：半经验短沟道模型，适用于短沟道器件，在二级模型的基础上引入了新的模型参数，如模拟静电反馈效应的经验模型参数、迁移率调制系数和饱和电场系数等。
- Level=49：BSIM3V3 模型，有 100 多个模型参数。BSIM（Berkely short-channel IGFET model）是美国加州大学伯克利分校专门为短沟道 MOS 场效应管开发的模型，是 AT&T 贝尔实验室精炼短沟道 IGFET 模型的改进型，适合于小尺寸器件和数字电路的模拟，运行时间比二级模型短一半左右。已发表的模型有 BSIM1～BSIM4，共 4 种。
- Level=50：Philips MOS9 模型，有 72 个模型参数，适合模拟电路的仿真。

　　然而，随着器件模型精度的提高，模拟所需时间明显增加。一般在应用中，应根据具体工艺和应用要求，选择适当精度的器件模型。目前，商用电路模型软件包还直接提供典型 IC 生产厂家标准器件的模型，这些 SPICE 模型是由特殊测试结构测量得到的。在单元级集成电路设计中，只需要给出特定工艺条件下的晶体管模型参数，就可以精确地模拟电路的电学特性。在图 8.4 的仿真例子中，采用了 0.18μm CMOS 工艺的 SPICE 仿真文件 mm018.l，该文件描述了指定工艺中主要器件的仿真模型，其中 N 管和 P 管采用 Level=49 的 BSIM3V3 模型，其部分参数列于表 8.1，各参数的具体含义请参考 SPICE 应用手册。

　　（5）分析请求命令：SPICE 主要有三种分析请求命令，它们是直流分析、交流分析和瞬态分析请求命令。

　　① 直流分析：直流分析请求用于确定电路的直流工作点。分析中，.OP 表示直流工作点分析请求，.DC 表示定义直流信号源，它们的格式分别为：

　　.OP

　　.DC 信号源名 1 起始值 终止值 增量值 <信号源名 2…> <信号源名 3…>

上面描述中<>括号内为另一个信号源的描述，其格式同信号源 1 的描述。当选择两个以上的信号源时，第一个信号在第二个信号的各点上扫描整个信号范围，这种分析适合于半导体器件输出特性的模拟。

表 8.1　0.18μm CMOS 工艺的 SPICE 模型参数

参数	N 沟	P 沟	单位	说明
CGBO	1.0E-13	1.0E-13	Fm^{-1}	栅体交叠电容
CGDO	3.67E-10	3.28E-10	Fm^{-1}	栅漏交叠电容
CGSO	3.67E-10	3.28E-10	Fm^{-1}	栅源交叠电容
CJ	1.0E-3	1.12E-3	Fm^{-2}	结单位面电容
CJSW	2.04E-10	2.48E-10	Fm^{-1}	结周边电容
DELTA	0.005	0.005	m	调节阈值电压的窄宽度因子
ETA	0.228	0.189	1	调节阈值电压的静态反馈因子
KAPPA	0.6	0.6	V^{-1}	饱和区因子（沟道长度调制）
MJ	0.279	0.44	1	结变容指数
MJSW	0.541	0.458	1	结周边变容指数
PB	0.613	0.86	V	结单位面积接触电位
RSH	6.3875	6.3875	Ω/方块	源和漏的方块电阻
TOX	4.08E-9	4.08E-9	m	栅氧化层厚度
U0	305	139	$cm^2V^{-1}S^{-1}$	低场域体载流子迁移率
XJ	1.6E-7	1.7E-7	m	结深度

② 交流分析：交流分析请求可用来显示指定信号在频域范围内的增益和相移。为了进行交流分析，至少应在一个信号源上叠加有交流值，然后定义分析的起始频率和终止频率。交流分析格式为：

> .AC　　　DEC　　　nd　　　起始频率　　　终止频率
>
> .AC　　　OCT　　　no　　　起始频率　　　终止频率
>
> .AC　　　LIN　　　nl　　　起始频率　　　终止频率

其中，DEC 表示十倍频程变化，nd 为每十倍频程内所需分析的频率点数；OCT 为八倍频程变化，no 为每八倍频程内所需分析的频率点数；LIN 为线性变化，nl 为从起始频率到终止频率之间所需分析的频率点数。

③ 瞬态分析：瞬态分析请求可用于计算作为时间函数的输出变量值，它相当于模拟了电源、信号发生器和示波器构成的电路实验。瞬态分析请求格式为：

> .TRAN　　　　时间增量　终止时间　<起始时间>

括号项<>为可省略项，省略时起始时间为 0。

例如，图 8.3 中，.tran 0.01N 50N 表示时间增量 0.01ns，仿真到 50ns 结束。

（6）输出命令：一旦模拟完毕，就可分析模拟结果了。SPICE 的模拟结果可以由绘图仪或打印机输出。输出请求语句的格式为：

> .PRINT　　　　输出类型　输出信号名表
>
> .PLOT　　　　输出类型　输出信号名表

例如：PLOT TRAN　　V(101)　V(102)　V(103)　V(104)　V(105)　V(106)

该语句表示请求绘出输出节点 101～106 的瞬态电压值的仿真结果，见图 8.3。

8.3 逻辑模拟与时序模拟

8.3.1 逻辑模拟

逻辑模拟适用于具有标准逻辑门特性的电路的功能验证。逻辑模拟中简单逻辑门的模型由它们的行为来描述,例如用 AND、OR、NOT 分别描述与门、或门和反相器的行为。更加复杂的数字电路模块(如全加器、多路选择器)的描述也是行为级的描述而不是结构级描述。电路的输入是在离散的时间间隔上变化的二进制值。逻辑模拟的输出也是二进制值。单纯的逻辑模拟不考虑信号通过逻辑模块的延迟时间,它只能验证系统的逻辑行为正确性,而没有考虑实际应用中非常重要的时序问题。由于逻辑模拟是忽略电路细节的行为级抽象表示,因此逻辑模拟时间远远小于电路模拟的时间。所以,逻辑模拟适合于规模较大的电路。

商用逻辑模拟软件采用 4 种或多种状态模拟数字系统的行为。最简单的情况下是采用 0、1、X 和 Z 状态模拟。逻辑值 0 和 1 分别表示逻辑低电平和逻辑高电平状态。X 值用于表示未知状态。例如,在逻辑模拟开始时,内部某逻辑节点的值是未知的。Z 值用于表示高阻态节点。例如,当三态总线的所有驱动电路均不导通时,该信号线的状态就是高阻态,其值用 Z 表示。为了增加逻辑模拟的精度,可以定义更多的逻辑状态。显然,随着逻辑状态数的增加,模拟的复杂性和运算时间也将增加。

多数逻辑模拟软件都提供各式各样的基本数字模块的模型。除了上述的基本逻辑门和由基本门构成的更为复杂的逻辑模块之外,还允许模拟更大规模的数字电路,如 ROM、RAM、PLA、ALU 以及有限状态时序机。逻辑模拟既可用于简单组合逻辑的模拟,也可支持同步和异步时序电路的模拟。

8.3.2 时序模拟

ASIC 设计中,除了要满足逻辑功能正确性要求之外,还应保证各信号时序的正确性。在逻辑模拟的基础上加上延迟信息就称为时序模拟,它专门用于进行时序分析,能够检查电路中的竞争、冒险及振荡现象,适用于电路功能验证和时序验证。

时序模拟中的基本时间参数包括:

● 通过每个器件的本征延迟时间;

● 连接每个节点的负载个数;

● 温度、工作电压及版图因素,如布线长度和寄生电容、电阻等。

例如,某特定工艺的反相器、与非门和异或门的本征延迟时间分别为 $t_{inv} =0.6ns$,$t_{nand} = 1ns$,$t_{xor} = 1.7ns$,这一般指的是典型情况下的值。图 8.5 显示了一个 CMOS 反相器延迟的构成,它与上拉、下拉管的等效电阻 R_p、R_n,负载电阻 R_L 以及负载电容 C_L 有关。

实际电路中,门的延迟还与走线的负载和扇出负载有关,见图 8.6。图中与非门的扇出数为 4,但走线的负载在布局布线前很难准确估计。很明显,负载数越多,走线越长,延迟也越大。因此,通常用下面的公式计算一个门的延迟 T_{delay}:

$$T_{delay} = T_{intrinsic} + N_{fanout} \times K_{load}$$

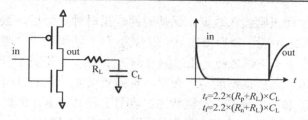

图 8.5　反相器的本征延迟

其中，$T_{\text{intrinsic}}$ 为本征延迟，N_{fanout} 为等效负载数，K_{load} 为负载因子（即单位负载的延迟）。

一般来说，基本单元电路的本征延迟是由集成电路生产厂家精确测量并结合电路模拟分析提供的，不同厂家的单元电路的本征延迟会有所不同，它反映了生产厂家的工艺技术水平、单元复杂性、布图风格及设计技巧等多方面因素的影响。同时，厂家提供的同一种器件的本征延迟也不止一种，这是由于从输入到不同输出引脚的布线路径可能不同，使得延迟更加细分。例如，图 8.7 给出了一个 0.18μm CMOS 工艺的 D 触发器的本征延迟及负载因子，从中可以看出输出引脚不同，本征延迟和负载因子均有所不同，而且 Q（QN）的跳变沿不同时，时钟 CK 到它们的延迟也不同。

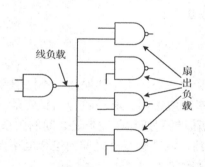

描述	本征延迟 (ns)	负载因子 K_{load}(ns/pF)
CK→Q↑	0.2104	4.4127
CK→Q↓	0.1740	2.4480
CK→QN↑	0.2386	4.5329
CK→QN↓	0.2971	2.4126

图 8.6　带多个负载的门电路　　　　　图 8.7　门电路本征延迟的细分

8.3.3　建立时间与保持时间

与时序验证密切相关的是信号的建立和保持时间。建立时间是正常工作时，某个信号先于时钟跳变沿到达稳定状态的时间。保持时间是时序单元要求的在时钟跳变沿之后信号还应保持稳定的时间。图 8.8(a)给出了建立时间 t_{su} 和保持时间 t_{h} 的定义，图 8.8(b)则给出了 D 触发器和锁存器之间的不同之处。

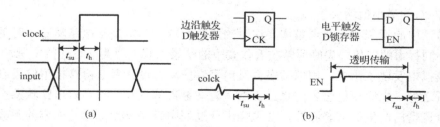

图 8.8　建立时间和保持时间

图 8.8(b)中，D 触发器的建立时间是指从数据稳定到时钟上跳之间的一段时间。只有满足

了建立时间，触发器才能正确读入数据。保持时间是指时钟上跳后，数据也不能马上变化，还要保持一定时间。与之不同，锁存器在 EN 信号为"1"期间处于"透明"状态，即 Q 跟随 D 不断变化，因此，在 EN 下跳之前一段时间（即 t_{su} 期间），数据必须稳定，否则会锁入错误数据。同样，数据锁入之后也不能马上变化，也需要保持一定的时间 t_h。锁存器的缺点是由于"透明"传输，Q 端会出现多个过渡状态，容易引起其他电路的误操作。而边沿触发 D 触发器的优点是一个时钟周期 Q 端状态只变化一次，消除了过渡态。

图 8.9 给出了信号的输入和输出延迟的定义。由于信号输出时一般都通过一个触发器才输出，因此输出延迟为触发器的时钟端 Clk 到 Q 的延迟 t_{clk-q} 加上输出模块 A 的延迟。输入延迟则定义为信号从端口经过模块 B 到达触发器数据输入端的延迟。

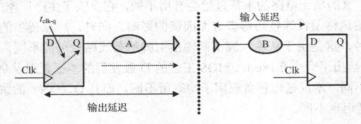

图 8.9　输入和输出延迟

8.3.4　时钟周期

上述各类延迟均直接影响着系统的工作频率，除此之外，由于传输路径不同引起的时钟偏斜（skew）以及时钟抖动（jitter）也会对工作频率造成影响。所谓时钟偏斜就是一个同源时钟到达两个不同寄存器时钟端的时间差。下面分析时钟周期与各类延迟之间的关系。

图 8.10(a)所示为两级触发器构成的一个时序电路，两个触发器之间的组合电路为一个或门，对于这个电路，能够满足其正常工作条件的时钟周期 T_w 为：

$$T_W \geq t_{PFF\_max} + t_{OR\_max} + t_{su} \tag{8.1}$$

式中，t_{PFF_max} 和 t_{OR_max} 分别是触发器和或门延迟的最大值，t_{su} 为触发器的建立时间。

式（8.1）没有考虑时钟偏斜，假设前一级触发器的时钟有一个延迟 t_{skew}，在这种情况下，到达两个触发器时钟端的时钟之间存在着相位偏斜，导致时钟周期 T_w 增大：

$$T_w \geq T_{PFF\_max} + t_{OR\_max} + t_{su} + t_{skew} \tag{8.2}$$

式中，t_{skew} 为时钟偏斜值。上述两种情况的时序图见图 8.10(b)和(c)，可见与图 8.10(b)相比，图 8.10(c)中 T_w 的最小值增大了 t_{skew}。

时序验证中的竞争与尖峰也是需要注意的两个问题。竞争是指电路随着定时关系的变化可能具有不同行为的现象。尖峰通常被看作竞争的结果，其表现为非设计的窄脉冲。

如果模拟中发现了错误，模拟程序会发出警告信息。设计者在检查模拟结果时除了对错误信号分析之外，也应分析警告信息。当然，有些警告信息并非都会对电路状态产生影响。例如，组合逻辑门产生的尖峰脉冲，若尖峰出现过程中时序单元锁存的内容并不改变，就可以忽略该警告信息。否则，就必须设法消除它。时钟信号线上的尖峰应尽量消除，否则会降低系统设计的可靠性。

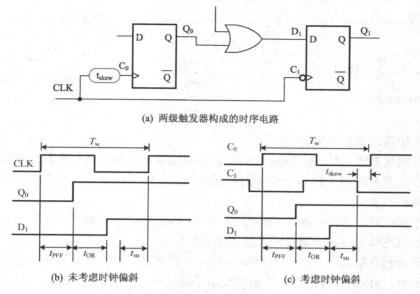

(a) 两级触发器构成的时序电路

(b) 未考虑时钟偏斜　　　　　　(c) 考虑时钟偏斜

图 8.10　时序电路时钟周期的确定

另外，集成电路生产厂家提供的单元一般都包含 3 种延迟模型，即典型延迟、最小延迟和最大延迟。这样，设计者可以根据需要选择合适的延迟模型进行时序验证，尤其需要进行最坏情况的时序验证。

当逻辑模拟和时序模拟的精度不能满足模拟需求时，需要更低层次的开关级模拟。开关模拟程序是以节点、晶体管、逻辑门为基本元素描述电路结构的，既能描述布尔逻辑门，又能描述晶体管门。

8.4　定时分析

电路模拟和逻辑模拟是以特定的输入信号来控制模拟过程的，只能检查特定输入信号的传输路径延迟。由于多数数字电路很难保证给定的输入信号能够对电路进行完备的时序验证，而定时分析采用跟踪信号路径法取代由特定输入信号模拟电路的方法，只考虑信号路径的延迟，无特定的输入信号来控制模拟过程。在这种情况下，就可以采用定时分析工具来测试所有可能路径的信号延迟，看是否满足设计要求。

8.4.1　定时分析原理

具体地说，定时分析采用的是一种与状态无关的信号路径跟踪方法，通过对每个逻辑单元假设一个传输延迟，分析所有可能的信号路径的延迟，找出关键路径，并分析发生在时序单元上的建立、保持时间的错误。例如，对于图 8.11(a)所示的电路，分析时，将数据路径上每个门用一个节点表示，连接节点的边上的权值表示相应的门的延迟以及连线的延迟，参见图 8.11(b)。假设以一个时序单元的输出为源端，另一个时序单元的输入作为目的端，则从源端到目的端的这条路径的延迟就等于该条路径上所有边的权值之和。延迟最大的路径称为关键路径。如图 8.11(c)中的虚线即为输入到输出的关键路径，其延迟为 1+5+7+4=17。

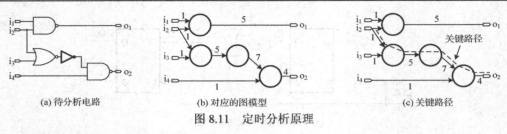

| (a) 待分析电路 | (b) 对应的图模型 | (c) 关键路径 |

图 8.11　定时分析原理

定时分析中常用的基本概念如下。

（1）信号到达时间（Arrival Time，AT）：表示实际计算得到的信号到达逻辑电路中某一时序路径终点的绝对时间。它等于信号到达某路径起点的时间加上信号在该路径上的逻辑单元间传递时间的总和。

（2）要求到达时间（Required Arrival Time，RAT）：表示电路正常工作时，时序约束所要求的信号到达逻辑电路某一路径终点处的绝对时间。

（3）时间余量（Slack）：表示在逻辑电路某一时序路径终点处，要求到达时间与实际到达时间之间的差。Slack 值应为正，为负则表示不满足时序要求。

定时分析对时序单元的检查分为建立时间检查和保持时间检查两种，其中建立时间检查的目的是确保数据能够在时钟有效沿之前到来。主要是保证数据到达时间不能太晚，即必须满足：

$$建立时间余量=（时钟有效沿最早到来的时间-寄存器固有的建立时间）-$$
$$数据到达的最大延迟时间$$
$$= RAT-AT$$

对保持时间检查的目的是保证数据在时钟有效沿后能够稳定并保持足够长的时间以便时钟能够正确地采样到数据。这主要是保证数据不会到达得太早，即必须满足：

$$保持时间余量=数据到达的最早时间-（时钟沿到达的最晚时间+寄存器固有的保持时间）$$
$$= AT-RAT$$

图 8.12 说明了保持时间余量和建立时间余量的定义，其中，t_{comb} 为组合逻辑的延迟，t_{C2} 是时钟 Clk 到后一级触发器的传输延迟，t_{su} 和 t_h 分别为触发器的建立和保持时间，setup slack 和 hold slack 分别表示建立时间余量和保持时间余量。一旦时间余量小于零，就表明时序有错误，不满足建立时间或保持时间要求。

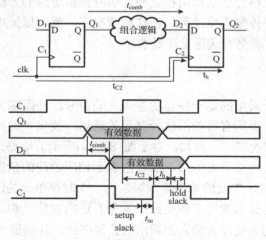

图 8.12　建立时间余量和保持时间余量

　　无论是建立时间还是保持时间不满足，任何一种时序错误都将使时序单元无法采样到正确的数据，但解决这两种违例（Violation）的方法却恰恰相反。如果出现了建立时间不满足的问题，设计时应加快数据或延迟时钟的到来；如果出现保持时钟不满足，则需要加快时钟或者延迟数据。设计中可以适当增大时间余量，以便电路能更稳定地工作。

8.4.2　定时分析举例

　　下面通过举例说明定时分析的工作原理。图 8.13 所示电路中包含前后两个 D 触发器及若干逻辑门，假设各逻辑模块及连线的延迟时间由表 8.2 给出，电路的时钟周期设为 15ns，试分别分析图 8.13 中路径 1 和路径 2 的建立时间余量，并说明这两条路径是否满足时序要求。

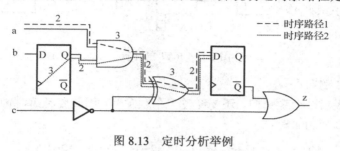

图 8.13　定时分析举例

表 8.2　延迟参数的定义

模块	符号	定义	值（ns）		
			典型	最大	最小
D 触发器	t_{clk-q}	时钟端到输出 Q 的延迟	3	—	—
	t_{su}	建立时间	1	—	—
	t_h	保持时间	1	—	—
逻辑门	t_{plh}	输出信号由低变高时的延迟	—	3	2
	t_{phl}	输出信号由高变低时的延迟	—	2	1
连线	t_r	传输延迟	—	2	1
时钟	t_w	时钟周期	15	—	—
	t_n	时钟网络延迟	2	—	—
	t_{skew}	偏斜	1	—	—
输入端口	t_{in}	输入延迟	1	—	—
输出端口	t_{out}	输出延迟	2	—	—

　　分析：在时钟频率一定的情况下，若信号通过某条路径传输时的时间余量大于或等于零，则说明满足时序要求；否则，不满足时序要求，需要对电路进行优化和改进，或者降低时钟频率。假设信号到达路径终点的时间为 AT，要求到达的时间为 RAT。又由于逻辑门的输出在上升和下降时的延迟并不相同，因此分析时需要分别计算。

　　解：（1）首先分析路径 1 是否满足时序要求。

　　在信号从 a 传到 D 触发器的路径 1 上有两个门电路，即与门和异或门，需要考虑门延迟、走线延迟和输入延迟。

　　当 a 从 0 变为 1 时，路径上门电路的输出由低变高，其对应的延迟应为 t_{plh}。因此有：

$$AT=t_{in}+t_r+t_{plh}+t_r+t_{plh}+t_r=1+2+3+2+3+2=13ns$$

当 a 从 1 变为 0 时，与门的输出由高变低，其对应的延迟为 t_{phl}。因而有：

$$AT=t_{in}+t_r+t_{phl}+t_r+t_{plh}+t_r=1+2+2+2+3+2=12ns$$

第 1 条路径终点的 $RAT=t_w+t_n-t_{skew}-t_{su}=15+2-1-1=15ns$

因此，最坏情况下，setup slack=RAT-AT=15-13=2ns，不小于零，说明满足建立时间的要求。

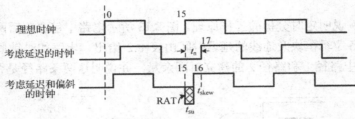

图 8.14　RAT 的计算

（2）分析路径 2 的时序。

路径 2 不仅要经过 2 个逻辑门，还要经过一个触发器，因此要考虑时钟 Clk 到 Q 的延迟。当输入信号从 0 变为 1 时：

$$AT=t_n+t_{clk-q}+t_r+t_{plh}+t_r+t_{plh}+t_r=2+3+2+3+2+3+2=17ns$$

当输入信号从 1 变为 0 时：

$$AT=t_n+t_{clk-q}+t_r+t_{phl}+t_r+t_{plh}+t_r=2+3+2+2+2+3+2=16ns$$

这时，最坏情况下的 setup slack=RAT-AT=15-17=-2ns，小于零，说明不满足建立时间的要求。

采用类似方法也可以分析保持时间是否满足要求。

实际电路中的时序错误往往比逻辑错误更难发现，当电路的时钟频率越来越高时尤其如此。因此，在用逻辑模拟对电路的基本时序进行验证之后，为保险起见，最好再进行一次定时分析，以尽可多地发现电路中的时序隐患。

8.5　电路验证

由于版图设计阶段位于逻辑设计和电路设计完成之后、掩膜和制造之前，因而是连接电路设计和工艺设计的中间环节。版图设计的正确与否直接关系到集成电路制造的成败。目前，大部分电路的版图设计中都免不了人工干预，加上各种寄生器件对电路性能的影响，因而不可避免地会出现这样或那样的版图错误。由于版图上的错误用人工方法很难消除，其可靠性也令人担忧，因此需要利用快速、可靠的计算机工具对版图进行分析和验证，以保证在制版和流片之前获得正确的版图，这样的工具就是本章将要介绍的 EDA 版图验证工具。

在 VLSI 版图设计中，可能出现的错误类型可以归纳为以下几类：

（1）几何设计错误，每种工艺都有其本身几何上的容差，如两个图形之间的最小空间、图形的宽度等，这些规则的一个集合称为几何设计规则。违反几何设计规则通常会造成芯片性能的下降，或引起芯片功能的异常。

（2）拓扑错误，拓扑错误主要是指电路元件之间电气连接上的错误。

（3）电气性能的错误，设计的电路应满足电气性能的需求，例如功耗、定时限制等。

这些错误通常是由寄生效应和不适当的器件尺寸引起的。相应地，为了检查出这些错误，验证系统一般包括几何图形运算模块（GOA）、几何设计规则检查模块（DRC）、电学规则检查模块（ERC）、版图与原理图一致性检查模块（LVS）和电路网表提取模块（NPE）等几部分，版图验证系统框图如图 8.15 所示。

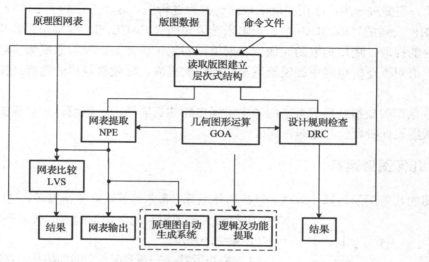

图 8.15　版图验证系统框图

版图验证所得到的版图数据可以直接作为电路模拟软件 SPICE 的输入，用来对实际电路进行模拟和分析。版图验证概括地讲就是既要保证版图能正确地表示电路设计者的意图，又要保证所设计的结构能从工艺上制造出来。前者需要验证版图表示的电路连接性是否正确以及电路的性能是否准确。这一阶段首先要从版图提取电路网表和相关参数，将提取的电路网表和原理图加以比较以确定电路元件之间电气连接上的正确性。其中参数提取，特别是电阻和电容的提取，目前还缺少十分有效而精确的方法。利用电路模拟软件 SPICE 对提取的电路进行功能模拟，很大程度上受到电路的规模及所需运行时间的限制。如何快速有效地提取电路的功能呢？一种有效的方法是对电路网表进一步进行逻辑提取和功能提取。版图验证中的另一个主要任务是检查各层版图本身的尺寸以及版图之间空间的大小，这项工作主要是由设计规则检查来完成的。目前已经有比较成熟的设计规则检查工具，并在电路设计中得到了广泛的应用。由于设计规则检查涉及对大量图形的分析和计算，因而其效率的高低在很大程度上取决于版图图形运算工具效率的高低。

在做上述工作之前，系统首先通过 GOA 得到有关的版图数据，再分别送到 DRC 和 NPE 用于设计规则检查和网表提取之用。NPE 提取的结果可分别用于 ERC 和 LVS 进行电学规则检查和一致性比较。

8.5.1　版图验证系统的发展

在 20 世纪 70 年代建立起来的许多计算机辅助设计系统，都同时开展了计算机辅助版图验证工作。如美国 IBM 公司的"Master Slice"系统，贝尔实验室的"XYTOOLR"，卡尔曼的 GOS 图形系统，德国西门子 AG 的"AUTOPRUEF"，等等。但是这些版图验证系统仅限于几何设计规则检查，即图形问题的处理。

稍后，又提出了将版图提取转化为电路图，依照版图中的实际信息，利用分立模拟工具进行电路分析，从而使电路模拟的对象为实际电路，而不再是对抽象电路的模拟。

为了满足大规模电路的模拟需求，采用时域模拟和逻辑模拟可有效地控制模拟时间和空间，因此，需要进一步将版图提取的电路转换为逻辑图。这项工作始于 20 世纪 70 年代后期，如美国 HP 公司的"REDUCE"、日本东芝公司的"MACLOS"等都是用各自的方法实现逻辑门电路的提取。逻辑提取的完成使时域模拟和逻辑模拟的处理对象成为实际存在于版图中的电路。而对于逻辑电路中触发器甚至功能块的提取，将使被模拟的电路规模在实际上大为增加。

提取电路的模拟结果代表了版图中实际电路的真实情况。因而，一旦模拟结果符合设计指标，版图设计阶段的工作即告完成。

8.5.2　几何图形运算

版图的几何图形运算（GOA）包括拓扑运算、布尔运算、算术运算等，这些运算在 DRC、NPE 中都要大量使用。几何图形运算的效率严重影响着 DRC 和 NPE 系统的速度。

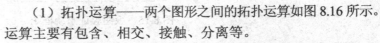

图 8.16　与图 A 的拓扑运算

（1）拓扑运算——两个图形之间的拓扑运算如图 8.16 所示。运算主要有包含、相交、接触、分离等。

（2）布尔运算——两个图形之间的布尔运算如图 8.17 所示。运算主要是与（AND）、或（OR）、非（NOT）、减（SUB）及异或（XOR）等。

（3）算术运算。

算术运算主要是指计算一个图形的宽度、面积、扩大、缩小及和周围图形之间的距离等。如图 8.18 所示。

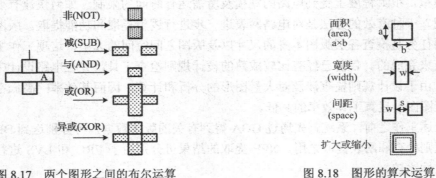

图 8.17　两个图形之间的布尔运算　　　图 8.18　图形的算术运算

（4）几何图形运算的主要算法。

设计规则检查（DRC）和电路网表提取（NPE）要大量地使用版图的几何图形运算和分析（GOA），因此 GOA 的效率直接影响着 DRC 和 NPE 的效率。进行图形几何运算的算法主要有以下几种：①基于图形的算法，②位图算法，③角勾链算法，④基于边的算法。在版图验证工具中，应用最多的算法是基于边的算法，即扫描线算法（Scanline Algorithm）。下面主要介绍这种算法。

Scanline 算法的基本思想是：用图形的有向边来表示二维图形，从而实现用边的运算代替图形的运算。首先把平面上待处理的图形用图形边的向量 V_i 表示，按向量的左端点坐标排序，形成图形总的有序向量链表 $T=|v_i|$，$i=1$，2，$\cdots$，n，其中 $v_i < v_{i+1}$。建立扫描线 X_{scan}，当扫描线 $X_{scan} \geq X_1$ 和 $X_{scan} \leq X_r$ 时，X_1 和 X_r 分别是边矢量的左右端的 X 轴坐标，则把此矢量插入当前工作链表 W 中，W 中的矢量按 Y 轴坐标增量排序。当扫描线 $X_{scan} \geq X_r$ 时，则把此矢量从图形中删除，将图形的运算集中于链表的数据之中。在 X_{scan} 的移动中产生要运算的结果图形。例如，对于两个相交矩形，如图 8.19 所示，在当前工作链表中只有四条矢量，即图中的水平线。如果进行与（AND）运算，选四条矢量线，1 和 2 是同方向的，3 和 4 是同方向的，根据一定的运算法则，可以确定其结果是由内部两根矢量线 2 和 3 的部分组成的。

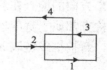

图 8.19　两个矩形的与运算

8.5.3　设计规则检查（DRC）

设计规则是确保各个几何图形本身及相互之间关系的正确性而规定的生产工艺中可以接受的尺寸。对于不同的工艺，存在着不同的设计规则。即使相同的工艺，由于各个生产厂家本身的需要与条件的限制，设计规则也存在差异。

设计规则检查的任务就是对版图几何图形的尺寸进行检查，包括同层图形之间的距离、套准距离（当内图形层的某个图形被外图形层中的某个图形所包含时，检查内层图形的外边与外层图形的内边之间的距离）、内嵌尺寸的长度，即嵌入层图形在被嵌入图形中的内嵌距离、露头尺寸（伸出层图形与相关层图形相交后的伸头长度）等，并且可以将这些检查联合运用使功能更强。

例如，图 8.20(a)所示的连接上下层的金属通孔，需要检查它的四边与连接层四周边界的距离。可以首先用 GOA 的 SUB 命令，产生图 8.20(b)所示的图形，再用宽度命令（WIDTH）进行检查。

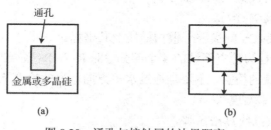

图 8.20　通孔与接触层的边界距离

DRC 的主要运算是判两图形之间的关系，采用的主要算法有：分块比较算法、光栅扫描算法、角钩链算法和扫描线算法等。大多数 DRC 工具都采用了效率比较高的扫描线算法。

在扫描线算法中，图形的表示方法和 GOA 工具中的表示方法一致。扫描线只在线段的端点和图形边界线的交叉点处停留。首先建立当前工作链表 new-L，移动当前的扫描线到下一个端点或交叉点，建立新的 new-L，以前的 new-L 作为旧的工作链表 old-L。例如，对于图 8.21(a)

所示的图形宽度检查，old-L 存放图形的左部边界，old-L 中的矢量线是 1 和 2，分别起始和终止于左边界。new-L 中的矢量线是 1、2、3 和 4，其中 3 和 4 是新插入链表中的，从而形成了新的 new-L 链表。

Y 方向的检查是在 new-L 链表中进行的。如果是新加入的矢量，则检查它与表中相邻的相应矢量的间距，也就是检查 1 和 3 及 2 和 4 之间的距离。如果有矢量线终止于 new 扫描线，即矢量线即将移入 old-L，而在 new-L 中删除，则检查其两侧未被删除的相应矢量线之间的距离。

X 方向的检查在新、旧扫描线之间进行。例如，图 8.21(a)宽度的计算和图 8.21(b)的图形间距检查都属于宽度检查。以后者为例，左右两个图形，旧扫描线链表 old-L 为左边图形的右边界，新扫描线链表 new-L 为右边图形的左边界，则新、旧扫描线间的距离 D 就是两图形的间距。

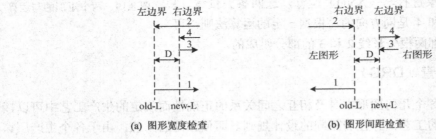

(a) 图形宽度检查　　　　　　　　(b) 图形间距检查

图 8.21　设计规则检查原理

在此基础上改进的多扫描线算法，不是采用一条扫描线而是采用多条扫描线对图形扫描，以提高检查的速度。在扫描过程中检查出那些图形之间距离小于间距的图形对，而且在扫描线更新过程中不立即丢掉前根扫描线，而将当前扫描线的距离小于间距的那些扫描线保留下来，考察与这些扫描线相关的向量。这样可以大大降低考察的范围，提高运行效率。

参见图 8.22，假设待检查的距离为 d，当检查图形 A 与版图中其余图形的间距时，将 A 向外扩张 d，形成图 8.22(b)中虚线框所包含的区域，称为 A 的检查区域。因此，可以看出对 A 与其余图形的外间距 d 的检查，相当于找出 B、C、D、E、F 和 G 这样的图形，因为这些图形都有一部分落在 A 的检查区域。图中，

CS：当前扫描线及其 X 坐标。

HS：为扫描线头，距 CS 的最左一根扫描线及其坐标。

LS：R_1、R_2、R_3 和 R_4 为检查区域的 4 个部分。对 R_2 和 R_3 区域的检查，通过检查垂直方向距离来实现。对 R_1 区域的检查，主要是通过水平方向距离的检查来实现。对 R_4 区域的检查将留给图形 G 的 R_1 区域来实现。

下面是基于边的多扫描线算法步骤。

步骤 1：读入数据，经 OR 运算，排序生成外存数据文件。

步骤 2：对层结构、向量结构、扫描线结构、工作表和向量信息表等进行初始化。

步骤 3：对每层被查向量及新扫描线重复步骤 4 至步骤 9。

步骤 4：确定当前扫描线和扫描线头的位置。

步骤 5：确定新扫描线及其工作表。

步骤 6：确定检查区域。

步骤 7：进行 DRC 检查，记录出错信息。

步骤 8：记录当前扫描线，建立当前扫描线上向量信息表。

步骤 9：释放已处理完的向量和扫描线所占的内存空间。

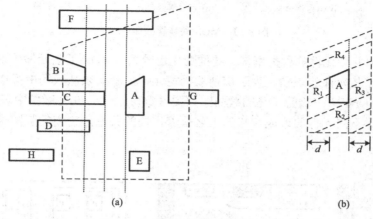

图 8.22　局部扫描区域与多扫描线

8.5.4　电路网表提取（NPE）

虽然一些版图通过了设计规则检查，但是这些版图所反映的电路性能并不一定能体现出设计者的意图，还需要进一步验证版图表示的电路的连接性是否正确以及电路的性能是否准确。完成这两项任务的基础就是首先从版图提取出版图所表示的电路网表，然后才能进行电路模拟或进行其他如电路网表的一致性比较和电学性能的检查等验证工作。因此，NPE 实际上是将图形问题转换为网络问题，使以后的版图验证都建立在电路网表的基础上进行。因此，它是版图验证的基础，提取的准确性与完整性至关重要。

版图的电路网表提取包括三个方面的内容：

- 各类器件的识别，如提取出版图中的晶体管、电阻、电容和二极管等；
- 电路连接信息的提取；
- 版图参数的提取，主要提取各类器件的参数，如电阻值、电容值、寄生电阻值、寄生电容值等。

在集成电路中，器件的种类主要有晶体管、电阻、电容和二极管。对于同一种器件，可以有许多种版图形状或者它们的结合方式，但它们都是一定意义下的版图图形的组合。对于 MOS 工艺版图的提取，版图掩膜层一般不少于 6 层：有源区（active）、P 阱（pwell）、P^+ 扩散区（pdiff）、多晶硅层（poly）、金属层（metal）和引线层（contact）。

首先定义各层的集合，设多晶硅层 Poly=$|p_1, p_2, \cdots, p_m|$，金属层 Metal=$|m_1, m_2, \cdots, m_n|$，扩散层 Diff=$|d_1, d_2, \cdots, d_k|$，引线孔层 Cont = $|c_1, c_2, \cdots, c_r|$。例如，对于图 8.23(a) 所示 MOS 晶体管的结构，图 8.23(b)是其源、漏区，图 8.23(c)是其栅区。

晶体管的栅区提取：T_g = Poly **AND** Diff；

源漏区提取：T_{sd} = Diff **SUB** Poly；

多晶硅与金属通过接触孔对接，对接孔：

$$Graph_c = Poly\ \textbf{AND}\ Metal\ \textbf{AND}\ Cont$$

(a) MOS 晶体管   (b) 晶体管源/漏区   (c) 晶体管栅区

图 8.23 MOS 晶体管的提取

双极型电路中各种元件的种类繁多，结构变化也较大，MOS 工艺元件识别的一些算法并不适合于双级型工艺元件的识别。为了识别双极型元件，就必须从版图中提取出具体元件的特征。一个典型的 NPN 三极管工艺的截面图如图 8.24(a)所示，它在版图中表现为图 8.24(b)所示的图形组合。不同元件的形成和它的工艺有着密切的关系，它们的版图也呈现其特有的性质。

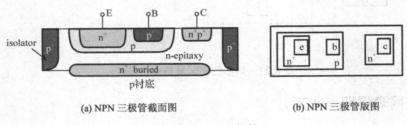

(a) NPN 三极管截面图   (b) NPN 三极管版图

图 8.24 NPN 三极管

从形形色色的版图图形中识别出各种元件，就是从所给的各层掩膜图形中提取出有用的信息。双极工艺中最简单的工艺需要以下几层版图掩膜：埋层扩散（buried）、隔离槽扩散（isolator）、P 扩散（pdiff）、N⁺扩散（nplus）、引线孔（contact）和金属层（metal）。研究这种典型的 NPN 三极管版图结构，就可以识别出三个电极：

掩埋层中 P 扩散内的 N⁺扩散就是 NPN 管的发射区：

NPNe = nplus **INSIDE**（pdiff **AND** buried）

不包含发射区的 P 扩散就是基区：

NPNb =（pdiff **AND** buried）**SUB** NPNe

掩埋层中的 N 扩散就是集电区：

NPNc = nplus **AND** buried **NOT** NPNe

通过对版图结构的分析，也可以识别出其他类型的元件。如纵、横 PNP 型晶体管、电容、电阻等。

由于版图参数及寄生器件提取的复杂性和重要性，有些 EDA 验证工具将版图参数提取独立构成一个系统，专门处理各种版图参数及寄生器件的提取，然后将这些参数添加到网表中，作为完整的网表输出。

8.5.5 版图参数提取方法

版图参数提取主要分为电阻提取和电容提取两大部分。前面我们已经定义了薄层电阻或方块电阻的概念，但由于实际版图中不仅存在着大量通过扩散或离子注入而形成的"设计电阻"，而且还有大量由互连线引起的电阻，且实际版图中电阻的形状、类型及接触的形状和位置也各不相同，因此，从版图中较精确地提取出电阻值是重要而艰巨的任务。

1．电阻提取

提取电阻的方法主要分为三大类：解析法、数值法和并行方法。

（1）解析法。

对于一个位于金属或多晶硅层的典型的矩形区域，它的电阻可用下面的公式计算：

$$R = R_s \frac{L}{W} \tag{8.3}$$

式中，$R_s=\rho/t$ 是薄层电阻或方块电阻值，与所用的材料有关；L 是沿电流方向区域的长度；W 是在电流垂直方向上区域的宽度。若电阻区域不是一个标准区域，则需要对式（8.3）进行修正，从而得到计算电阻的近似的解析公式。这种方法称为解析法。其优点是运算简单、速度快，但适用范围和精度都有限，一般只适用于一些形状规则的电阻区域，如梯形、L 形和十字交叉等。例如，对于图 8.25 所示的两个梯形电阻，计算其阻值的解析公式分别为：

$$R = R_s \frac{4L}{L + 4W_1} \tag{8.4}$$

$$R = R_s \frac{2L}{L + 2W_1} \tag{8.5}$$

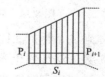

图 8.25　梯形电阻

在用解析法求式（8.3）中的 L 和 W 时，主要有下面几种方法：

① 中心线法：用李氏算法、线探索发等搜索法求出两触孔之间的曼哈顿路径，从而求出 L 和 W 的值，其示意图如图 8.26 所示。

② 最短路径法。采用线探索法求出两触孔之间的最短路径，该路径可以是非曼哈顿路径，然后分别求出 L 和 W 的值，参见图 8.27。首先搜索两触孔之间所有可能的路径，将它们存放在一个树形结构中，然后将这些路径相互比较，求出沿电流方向的最短路径 $S=(P_1, P_2, \cdots, P_i, \cdots, P_n)$，$P_i$ 为构成最短路径的节点。则总电阻 R 为：

$$R = \sum_{i=1}^{n-1} R_i \tag{8.6}$$

为了提高精度，将每个子路径 $S_i=(P_i, P_{i+1})$ 划分成一个个条形区域。由于每个条形区域都可近似看成矩形，再用基本公式（8.1）分别计算出每个条形区域上的电阻，将它们累加起来后就成为该子路径上的电阻值，即：

$$R = \sum_{j=1}^{m-1} R_{ij} \tag{8.7}$$

式中，R_{ij} 属于子路径段 i，m 为子路径所分割的条形区域数，如图 8.28 所示。

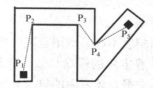

图 8.26　中心线法示意图　　图 8.27　最短路径法示意图　　图 8.28　子路径 S_i 分割成条形区域

由于之前假设所有的自由电子都沿最短路径运动，与实际情况有一定的差异，所以还需对路径长度 L_{ij} 进行一定的修正，得到下面的解析表达式：

$$L'_{ij} = L_{ij} + C \cdot \frac{W_{ij}}{|S_i|} \cdot L_{ij} \tag{8.8}$$

式中，$|S_i|$ 是子路径段 $S_i=(P_i, P_{i+1})$ 的长度，C 的一种经验取值为 0.27。这样，将各自路径的电阻值加起来即得到总电阻值：

$$R = \sum_{i=1}^{n-1} \sum_{j=1}^{m} \frac{L'_y}{W_y} \tag{8.9}$$

（2）数值计算方法。

数值计算方法也是一种常用的提取电阻的方法。它是以电磁场理论为基础，从拉普拉斯（Laplace）方程和边界条件出发，采用各种数值分析方法得到求解区域内的电势分布和电流密度分布，从而求得任意两点之间的等效电阻值。这种方法尤其适合求解形状复杂区域的电阻值和寄生电阻值。

2. 电容提取

提取电容的方法同样可以分为解析法和数值法两大类。

（1）解析法就是利用各种已知的解析公式加上一定的修正计算电容的大小。通常，计算电容的模型有二维和三维两种。只考虑二维模型时，参见图 8.29，可以简单地将导线的总电容 C_t 看作导体与衬底之间的电容 C_g 以及导体与导体之间的耦合电容 C_i 两大类，即：

$$C_t = 2C_i + C_g \tag{8.10}$$

式中，C_g 由面电容 C_a 与边缘电容 C_f 两部分组成。一种考虑了边缘电容的计算公式为：

$$C = \varepsilon l \left[\frac{w}{h} + 0.77 + 1.06 \left(\frac{2}{h} \right)^{0.25} + 1.06 \left(\frac{t}{h} \right)^{0.5} \right] \tag{8.11}$$

式（8.11）为一种经验公式，当导线的纵横比小于 3.3 时，该公式的精度可达到 6%。

随着特征尺寸的不断缩小，布线层数不断增多，上述简单的二维电容模型已很难准确反映各层之间的耦合情况。例如，对于图 8.30 所示的三层金属互连线，第 2 层金属的寄生电容除了第 2 层本身的电容 C_{22} 外，还应包括其与第 1 层和第 3 层金属之间的交叉耦合电容 C_{21} 和 C_{23}，即：

$$C_2 = C_{21} + C_{22} + C_{23}$$

式中，C_{22} 包含了第 2 层导体对地的电容 C_g 和同层导体之间的耦合电容 C_i。

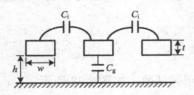

图 8.29　简单连线电容模型

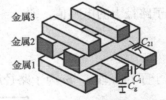

图 8.30　多层金属连线模型

总体来说，解析法比较简单，但精度不高且适用范围有限。

（2）数值法计算电容的原理与计算电阻的原理类似，都是通过求解有关区域中的拉普拉斯方程，得到相应的电势分布，然后求得导体表面的电荷分布，最后利用公式 $C=Q/V$ 计算出电容的大小。

在多层布线情况下，要想精确地反映各层之间的耦合情况，必须采用三维模型。当然，这也是以增加了提取时间为代价的。

对于上面介绍的各种算法，EDA 工具中都有应用的实例。在各种验证软件中，精度和速度一直是相互矛盾的两个指标。在精度要求不高的情况下，正如在大部分验证软件中那样，可以采用二维模型和解析法等一些速度较快的算法进行参数提取，以节省运算时间；但在精度要求较高的情况下，如对一些关键电路，可采用三维模型或采用数值提取法等精度较高算法，当然，这是以牺牲一部分运行时间为代价的。

8.5.6　电学规则检查（ERC）

几何设计规则检查后，并不能保证电路一定能正确工作，这时需要进行电学规则检查。电学规则是只要知道版图的几何形状和连接关系而不需要了解电路的行为就能确定的一些电路性能。如开路、短路、孤立节点和非法器件，对电源和对地的连接是否正确以及是否存在小于工艺尺寸的器件等都属于电学规则检查的范畴。它必须在 NPE 完成之后才能进行，其实是对网络进行分析检查。

8.5.7　版图与原理图一致性检查

版图与原理图一致性检测简称为 LVS（Layout versus Schematic），就是将在版图中提取的实际电路网表与设计的电路网表进行比较，检查两者是否一致。图 8.31 给出了 LVS 的工作原理，由图可见，LVS 要经过连接信息提取和器件识别这两个过程才能从版图中提取电路网表，再与最初设计的电路网表进行比较，输出比较结果。通常认为经过逻辑模拟的原理图是正确的，因此若版图与原理图存在不一致的地方，就认为版图中存在着错误。为此，LVS 不仅报告两者之间的任意差异，还在版图中标识出相应的位置，供设计者分析判断。

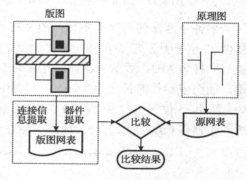

图 8.31　LVS 工作原理

LVS 报告的错误类型主要分为以下几种。

（1）端口数不匹配：错误原因可能是版图中端口标识的属性错误，导致端口数不匹配。

（2）线网数不匹配：错误原因可能是开路、短路或版图中线网的缺失，导致版图与原理图的线网数不匹配。

（3）器件不匹配：错误原因可能是版图和原理图中器件的连接不匹配，器件缺失或其他类型的不一致，导致器件不匹配。

例如，图 8.32 给出的 LVS 报告说明，源网表中的网/IN2 的端口 IN2 在版图中没有找到，因而报告结果为端口缺失，即 missing port。

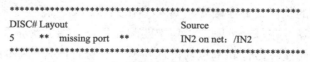

图 8.32　LVS 报告的端口不匹配错误

图 8.33 显示版图线网数比原理图的线网数少，说明有可能出现短路的情况，即原本是两个线网的 in1 和 in2 在版图中被短路到了一起。图中还给出了详细的错误报告，其中两个**符号之间表示应该对应的线网名。

当版图线网数大于原理图线网数时，有可能出现开路的情况。如图 8.34 所示，原理图中只有一个线网 in，但在版图中出现了两个线网 in1 和 in2。当软件无法对这种情况进行完整分析时，会给出修改的建议，比如建议版图中的 in1 和 in2 两个线网应该相连以便与源中的 in 相匹配。

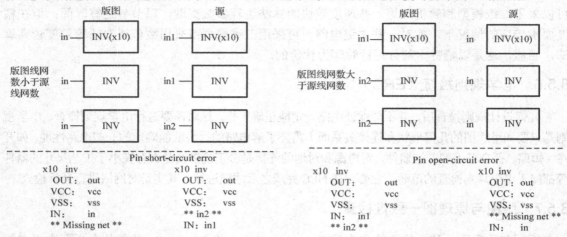

图 8.33　LVS 报告的短路错误　　　　　图 8.34　LVS 报告的开路错误

器件不匹配的情况有多种，图 8.35 给出了器件尺寸不匹配的两个例子。第一个例子中，器件 27 位于版图 X=230，Y=540 的地方，类型为 MD；与之对应，源网表中器件的名字为/I\$867，类型同样为 MD。版图中器件的宽度为 5.2μm，而源中显示的宽度为 5μm，错误为 4%；类似地，版图中器件的长度为 2.2μm，与源中 2μm 的器件长度相比，误差为 10%。在第二个例子中，器件 35 位于 X=120，Y=70 的地方，类型为 ME；与之对应，源网表中器件的名字为/I\$302。版图中器件长度为 12.2μm，而源中器件长度为 12μm，误差为 2%。

```
*************************************************************************
                            Property Errors
DISC#     Layout                          Source          Error
1         27(230,540)        MD           /I$867 MD
          w：5.2u                         w = 5u          4%
          l：2.2u                         l = 2u          10%
2         35(120,70)         ME           /I$302
          L = 12.2u                       L = 12u         2%
*************************************************************************
```

图 8.35　器件尺寸不匹配举例

LVS 的实质属于图论中图的同构测试，而图的同构测试是 NP 问题。因此，许多启发式算法都采用划分的方法，其目的都是为了减少比较次数，从而节省计算时间和内存空间。

LVS 一般首先对电路的特征（如连接度、扇入/扇出系数、器件特性等特征）进行提取，在此基础上对网络进行分隔，在每一分隔的子集中匹配元件，并将匹配信息充实到特征信息中，以便下一步细化，从而使各器件和节点均得以检验。在进行两种网络的比较时，通常是将电路图抽象为一种多元图的形式。抽象的规则是：（1）电路图中所有等电位节点，一一对应多元图中的节点。（2）电路图中所有的元件一一对应多元图中的辐网（spide），n 端元件形成 n 条辐的辐网。对于给定的电路图，按照这个规则生成的多元图，也称为该电路的电位图。例如，一个如图 8.36(a)所示的 CMOS 反相器，可用图 8.36(b)所示的多元图来表示。把图 8.36(b)中的 T1 和 T2 看作是辐网，表示电路图中的器件，辐网中的每一条辐都表示器件的引脚。图中①、②、③和④表示两图中的节点。那么，可以定义一个多元图：G=(A, R)，集合 A 由 m 个元素组成，它的元素对应多元图中的节点，R 是一个多元关系，是 A 所有幂集的并集的一个子集，即它的元素称为辐网。

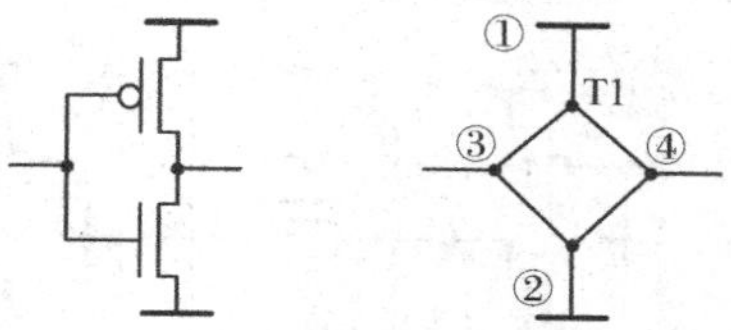

图 8.36　反相器电路图及其多元图

一般意义上的图可以用 G=(V, E)来表示，其中 V 是非空的节点集，E 是连接节点的边集。由于一条边只能连接两个节点，所以 E 是 V 上的一个二元关系，即 $E \subset V^2$，或 $e_i=\{v_i, v_j\} \in V^2$；而在多元图 G=(A, R) 中，$R \subset \bigcup_{n=1}^{m} A^2$，所以 R 的元素能够连接多个节点。二元图只是多元图范畴中的一个特例。

如果两个多元图 $G_1=(A_1, R_1)$ 与 $G_2=(A_2, R_2)$ 之间存在一一对应的映射 α、β，满足 $\alpha(A_1)=A_2$，$\beta(R_1)=R_2$，则 G_1 和 G_2 互为同构图。

如果两个电路的多元图是同构的，那么这两个电路应具有相同的拓扑结构。

具体操作时，LVS 首先经过预处理，之后寻找具有唯一相同特征值的节点对或器件对进行绑定，并将它们作为初始匹配点放入一个工作链表中。然后，对两个网表依工作表中每个已绑定元素进行细分并产生新的绑定。

如果当前元素是器件，那么将它的所有未绑定的邻接点放入一个新的链表桶（Bucket）中，根据其中节点的特征值进行绑定。如果不能产生新的绑定，那么保留该链桶；如果能够产生匹配节点，则将匹配节点放入工作链表中。

在匹配及细分过程中，还要对已绑定元素的匹配状态及时进行更新。若这些元素以前被划分过，则还要找到它们所在的旧链表，从中清除该节点，并检查在这个旧链表桶中的元素，处理可能产生的新的绑定。

如果当前元素是节点，那么将它的所有未绑定的邻接器件放入一个新的链表桶中，根据其中每个器件的标识进行绑定。同样，如果不能产生新的绑定，那么保留该链表在后续操作中检查；如果能够产生匹配器件，则将它们分别放入工作表和匹配链中，同时进行匹配标注。如果这些器件以前已经被细分处理过，则还要对它们所在的旧链表进行检查，从中清除该器件，并处理可能产生的新的绑定。在处理结束后，将工作链表中的元素清除，直到工作表为空。

在以上的操作中要进行大量的查找工作。对节点和器件的存储采用 Hash 表技术，可以节省大量的查找时间。如果两个网表是拓扑同构的，则以上操作不会引起冲突，换句话说，如果发生冲突，则一定存在拓扑差异。在这一阶段也可能存在一些不确定情况和未绑定元素。

在依据临时工作表进行细分之后，检查是否所有节点和器件都已匹配：如果没有不匹配的元素，则比较的两个基础单元是同构的；否则存在一些不确定的情况，如电路对称、功能同构等，或者存在两个网表不一致的情况，需要进一步考虑。

8.5.8　逻辑提取

如前所述，网表提取的结果可以直接送入模拟软件 SPICE 中进行电路模拟，但对大规模电路在晶体管级进行电路模拟是很耗时的，可靠性也差。另外，我们还可对晶体管级电路进行逻辑提取，将其转化为逻辑门级乃至更高层次的电路描述，然后进行逻辑模拟或更高级别的模拟。

逻辑提取的研究自 20 世纪 70 年代开始以来，主要集中在 MOS 电路的逻辑提取方面，提出了由电路的晶体管级描述分析门结构的一些方法。下面介绍典型的 MOS 电路逻辑门的提取过程。

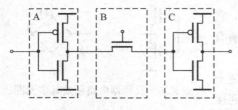

图 8.37　子电路的划分

1．电路划分

首先将大规模的 MOS 电路划分成许多规模很小的子电路，并且这些子电路包含有完整的门电路结构，参见图 8.37。划分的原则是将完成一定逻辑运算的电路划分成运算子电路（如 A、C 两部分），而将剩下的部分 B 作为传输子电路，这部分主要用于信号的传输，当然也实现一定的逻辑功能。

运算子电路在结构上有两个特点：

● 管子的两种基本连接关系是并联和串联；

● PMOS 管部分的结构与 NMOS 管部分相对偶。

在引入了晶体管支路（简称管路）的概念后，就可以进行第二步的串、并简化了。

首先，定义一个管路有三种构成方式：①由单个 MOS 管构成；②由其他管路通过串联连接而成；③由其他管路通过并联连接而成。

另外，若一条管路所包含的所有 MOS 管均为 NMOS 管，则称其为 NMOS 管路，若均为 PMOS 管，则称为 PMOS 管路。

管路可以采用树形结构来表示。符号⊗表示各管路之间的关系是串联，而⊕表示各管路之间的关系是并联。

2．串、并联形式的简化

任何以串联或并联形式相连的晶体管都可以用树形图简化到一个晶体管下，这一过程重复进行，直到晶体管之间的关系都用树形结构表示为止，图 8.38(b)为图 8.38(c)的树形图。

3．逻辑门提取

通过分析运算子电路的树形结构，可以判别出各种逻辑门。如在 NMOS 电路中，并联形式等效为或门，串联形式等效为与门，而最后的输出部分则有非的功能。如图 8.38(c)所示为与图 8.38(a)相对应的提取的逻辑门。

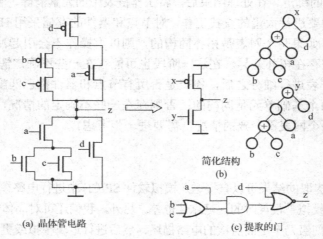

(a) 晶体管电路　　　(b) 简化结构　　　(c) 提取的门

图 8.38　串-并形式化简

对于传输子电路，由于传输管具有双向传输特性，要自动地分析出一些复杂结构传输子电路所实现的逻辑功能比较困难。但可以将传输子电路看成是由一个传输门构成，并仅完成信号传输工作，从而提取传输门。

传输子电路的处理主要体现在以下两个方面：

- 若能确定传输管信号传输的方向，则对传输管定向；
- 由传输子电路分析出传输门，确定每个传输门是单个 MOS 管还是由两个异型 MOS 管组成的对管。

8.5.9　深亚微米版图的物理验证

按照莫尔定律，集成电路的复杂性每 18 个月增长一倍，目前的工艺已达到 45 纳米甚至 22 纳米，规模已达到上千万个晶体管，这不仅对集成电路的设计，而且对于 EDA 工具都提出了巨大的挑战。

为适应深亚微米集成电路的开发，必须研制新一代的设计工具，解决过去老工具不能适应深亚微米开发的问题。目前，集成电路设计者所采用的验证技术大都是平面式（flash）的验证技术。平面式技术在精度方面是工业化的标准，它验证版图的每个多边形，而且一些工具的可靠性也很好，但是运行速度较慢，特别是集成电路达到深亚微米的巨大规模时，它是不可接受的。

层次式的验证技术，或者层次式与平面式两种验证技术的结合，是目前深亚微米验证技术的一个发展方向。层次式的验证技术利用了层次式设计过程的信息，如图 8.39(a)所示，在设计最上层版图 A 时，三次调用了版图 B 单元，同时 A 调用单元 C、D 各一次，B 也调用了一次 C 单元，图 8.39(b)是其调用关系。平面式的验证技术要把 B、C、D 全部版图放到层次 A 来进行验证，单元 B 的版图就要验证三次。若采用层次式的验证技术，由于 A 三次调用的 B 是同一个版图，因而只需要采用平面式的工具对单元 B 验证一次。在重复单元很多时，这种验证技术就可以大大缩短运行时间。

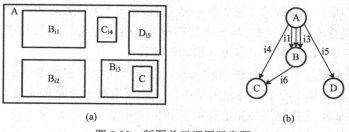

图 8.39　版图单元调用示意图

层次式的验证技术目前存在的问题是：版图验证之前首先要搞清楚版图的层次式结构，才能去验证。由于对版图毫无限制地重叠，这种验证技术很容易产生不精确甚至是不正确的结果。

一种折中的方法是在版图最初设计阶段的验证采用层次式的方法，但在最后要求保证质量时，采用可靠的平面打散式方法。

8.6　逻辑综合技术

随着数字系统设计的日趋复杂和功能的不断扩大，越来越多的系统要求集成到一块或几块芯片上，从而使一块芯片就可完成一个复杂的系统功能，这种系统也常被称为片上系统（System on the Chip，SoC）。

为了实现上述目标，并且为了缩短设计时间，以便在快速变化的市场竞争中赢得主动，必须借助于 EDA 的各种综合工具，根据市场情况和模拟结果及时改进设计方案。

所谓综合技术实际上是设计的正向过程，就是帮助设计者自动完成不同层次和不同形式的设计描述之间的转换。在综合过程中设计者的任务就是把各种要求如面积、时延和功耗等作为约束条件加以设计并按照指定的工艺库进行映射转换，综合器将自动地通过多种综合算法并以一种具体工艺背景为基础实现目标所规定的优化设计。

借助自动综合工具，设计者可根据资源和设计要求对设计方案进行多种综合比较，从中选择一个最佳设计。由于综合工具自动化设计的优良性能，使得许多不具备 IC 工艺知识的电路系统工程设计人员能够比较容易地通过一定的学习就能直接参与甚至独立进行设计，这也促进了自动综合工具的进一步开放和利用。

数字系统的设计可以在不同的层次上进行。与数字系统的不同设计层次相对应，综合也可在各个层次上进行，通常可分为三个综合层次：

- 电路综合
- 逻辑综合
- 高层综合

电路综合就是将电路的逻辑描述转换成满足时序要求的晶体管网络。这个过程分为两步进行：

（1）由逻辑方程获取晶体管原理图。这通常需要预先选择一种电路形式，比如互补静态电路、传输管电路或动态电路等，然后再构成逻辑网络。其中，前一项任务由设计者完成，后一项任务的完成与所选择的电路形式有关。例如，可以用逻辑图技术获得静态 CMOS 门互补的上拉和下拉网络。类似地，也可以采用自动化技术生成其他类型的逻辑电路并优化晶体管数量。

（2）确定满足性能约束的晶体管尺寸。由于直接关系到电路的面积、性能和功耗，因此晶体管尺寸的选择显得十分关键。例如，逻辑门的性能对版图各种寄生参数如扩散区面积、扇出和连线电容等均十分敏感。尽管如此，还是有一些能够确定晶体管尺寸的工具被成功地开发出来，其关键是建立了基于 RC 等效电路的电路性能的精确模型以及充分掌握版图的生成过程，尤其是后者，可以对寄生电容进行精确的估计。

尽管已经证明电路综合是一种有效的工具，但它还是没有像预期的那样尽可能多地参与电路设计的各个领域。其中一个主要原因是单元库的质量对一个完整的设计具有重要的影响，使得设计者不愿将如此重要的任务交给有可能产生较差结果的自动化工具。

逻辑综合的主要任务就是根据设计者逻辑功能的描述如布尔方程等，以及约束条件如速度、功耗、成本、器件类型等，给出满足要求的逻辑电路。逻辑综合工具是最早开发的综合工具，已经有大量成熟的逻辑综合算法，但由于逻辑综合的局限性，当今综合工具正朝着高层综合方向发展。

高层综合是从算法层（或其以上层）的行为描述产生寄存器传输级的结构描述，即在一组性能、面积、功耗和可测试性的约束下，由高层次的系统体系结构描述综合出具有所需功能的寄存器级结构描述。这对应于需要确定由哪些结构资源来实现综合目标，将行为级操作绑定到硬件资源，以及确定所产生的结构中各操作的执行顺序等。以综合术语来说，上述三个任务被称为分配、指定和调度。通常，综合所产生的结构中包括一个数据通路和一个控制器。高层综合技术可以明显提高设计速度，缩短设计周期，允许设计者进行设计空间的搜索。

图 8.40 给出了集成电路设计中反映各种描述与综合层次之间关系的 Y 图。下面主要介绍逻辑综合技术。

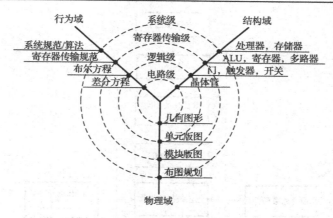

图 8.40　集成电路设计的 Y 图

8.6.1　逻辑综合的原理

　　用手工进行逻辑优化设计的方法我们早已学过，如布尔代数法、卡洛图法和真值表化简法等。当输入变量较少（不多于五六个）时，这些方法比较有效，但随着输入变量的增多，尤其在多输出函数的情况下，它们在实际使用时存在困难。目前借助计算机进行逻辑综合所使用的方法主要是代数拓扑方法，即以立方体表示逻辑函数，并使用所定义的一组算符对其进行代数拓扑运算，完成逻辑函数的综合。

　　逻辑综合也可以是以特定的专家知识库为基础的。专家知识库中考虑电路形式在各种约束条件下的优化设计方案。采用这种方法大致可分为三种，即基于规则的设计方法、基于规则/算法的设计方法和基于算法的设计方法。

　　图 8.41 所示为逻辑综合的原理示意图。图中的 VHDL 给出了一个可选择的加法器。当控制信号 Sel 为 '1' 时，实现 A+B，否则，实现 A+C。根据约束条件，最终综合器给出的综合结果中只使用了一个加法器和一个选择器，比原始的 VHDL 所描述的结构更加优化，因为加法器的代价比多路器要大。

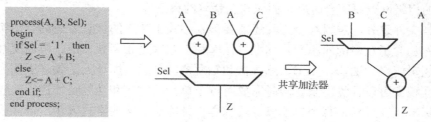

图 8.41　逻辑综合原理示意图

8.6.2　逻辑综合流程

　　图 8.42 为典型的逻辑综合流程图，虚线框中的功能由逻辑综合工具完成，逻辑综合工具的输入为 RTL 描述等设计输入、设计约束条件以及对应目标工艺的工艺库。

　　首先，设计者在高层用 RTL 结构对电路进行描述。这样，设计者的主要精力就只需花在功能验证上，以保证所书写的 RTL 代码的功能正确性。功能验证完毕后，RTL 代码就交给逻辑综合工具。

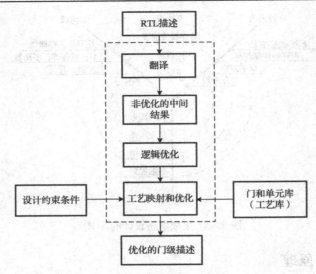

图 8.42　逻辑综合流程图

接下来，逻辑综合工具将 RTL 描述被综合工具翻译成未优化的、中间过程的表达形式。这个过程称为翻译。翻译器翻译 Verilog 描述中所采用的操作符和属性，在翻译阶段，不考虑面积、时序、功耗等约束条件，逻辑综合工具仅对中间资源进行简单的分配。

非优化的中间描述翻译过程中的中间描述结果是非优化的，这些内部描述对于用户是不可见的。

逻辑优化对逻辑结构进行优化，去除冗余逻辑。这一步使用多种布尔逻辑运算技术和逻辑优化算法，如 ROBDD 图技术、Minato 算法、立方体技术等，这是逻辑综合中非常重要的一步。

工艺映射和优化这一步中，逻辑综合工具使用工艺库中提供的单元代替前面的中间描述，设计被映射到特定的工艺库中，与此同时设计被优化。

例如，假设采用 TSMC 公司的 0.18μm CMOS 工艺进行设计，TSMC018 就是目标工艺。优化后电路的内部结果必须用 TSMC018 工艺中提供的单元完成门级设计，这就是工艺映射。同时，完成的门级网表要符合时序、面积和功耗等约束条件。

除了设计文件之外，逻辑综合工具还需要读入相关工艺库的信息才能综合出实际的电路网表。工艺库包含了众多的库单元。标准单元库和工艺库是相互独立的，可以交互使用。库单元有基本逻辑门、加法器，ALU、选择器和触发器等单元。库单元的物理版图完成之后，每块单元的面积就可以计算出来。同时需要对每个单元的时序和功耗特征进行建模，这个过程称为单元标准化。最后，每个单元以逻辑综合工具能够理解的格式表示。单元描述应该包括如下信息：

- 单元的功能
- 单元版图的面积
- 单元的时序信息
- 单元的功耗信息

这些单元的集合就是工艺库。逻辑综合工具利用这样的单元完成设计。工艺库中单元的好坏直接影响综合结果的好坏。如果工艺库中单元的选择受到限制，逻辑综合工具在对时序、面积和功耗进行优化时也同样受到限制。

进行逻辑综合时通常要加上一定的设计约束，可以对以下几个方面进行约束：
- 时序：电路必须满足时序的要求，由一个内部的时钟分析程序检验时序是否正确；
- 面积：最终版图的面积不应超过某个特定值；
- 功耗：电路的功耗不应超过某个阈值。

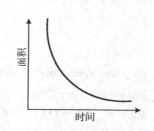

图 8.43　集成电路的面积和时序

总体说来，时序和面积是相互制约的，为了得到更快的电路，必须采用并行电路结构进行并行处理，那么整个电路的面积就要增大；为了缩小面积，设计者就可能要牺牲电路的速度。图 8.43 为集成电路的面积与时间的关系图，可以看出，随着面积的不断增大，时间不断缩短，速度不断增大。

逻辑综合过程中有三点需要注意：

（1）对于非常高速的电路，厂家的工艺库很难满足设计要求。设计者需要从厂家得到更细致的制造工艺信息。

（2）翻译、逻辑优化和工艺映射是在逻辑工具内部完成的，一旦工艺确定，设计者只能控制 RTL 描述和设计约束条件。

（3）进行逻辑综合时，书写高效的 RTL 描述、正确定义设计约束条件、计算设计折中点和利用好的工艺库对于生成最优化数字电路是非常重要的。

对于深亚微米设计，连线延迟占主导地位。逻辑综合工具在 RTL 级设计时需要和物理综合紧密结合。新的趋势是逻辑和物理的综合的融合。

习题

8.1　试编写一个三输入与非门的 SPICE 模拟程序，要求进行直流工作点分析、频域分析和正弦信号的瞬态分析，并给出输出节点的波形。

8.2　叙述逻辑模拟与时序模拟的异同点。

8.3　当需要对用户逻辑做最小脉宽检查、建立和保持时间检查及估算系统最大工作频率时，选用哪种模拟软件较为有效？

8.4　尖峰的模拟方法主要有哪些？你认为哪种模型最合适？

8.5　假设电路的时钟周期为 15ns，试对图 8.44 所示电路的虚线路径做定时分析，说明这条路径是否满足时序要求，有关延迟参数见表 8.2。

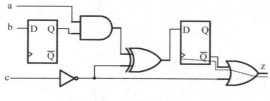

图 8.44　定时分析电路图

8.6　简述电子系统设计中版图验证的重要性，并描述组成验证系统的各主要模块的功能。

8.7　简述设计规则检查（DRC）与版图原理图比较（LVS）在集成电路后端设计中的作用。查阅相关资料，说出常用的设计规则检查和版图原理图比较工具的名称和使用方法。

8.8　简述逻辑综合的原理与基本流程，可以在哪些方面施加综合约束？

参 考 文 献

[1]　Sung-Mo Kang, Yusuf Leblebici, CMOS Digital Integrated Circuits—Analysis and Design (3rd edition), McGraw-Hill Inc., 2003.

[2]　沈绪榜，杜敏. VLSI 设计导论. 北京：高等教育出版社，1995.

[3]　Hubert Kaeslin. Digital Integrated Circuit Design. From VLSI Architectures to CMOS Fabrication, Cambreidge University Press, 2008.

[4]　Jan M. Rabaey. Digital Integarted Circuits—A Design Perspective(2nd edition). Prentice-Hall International, Inc., 2003.

[5]　Sung-Mang and Yusuf Leblebici. CMOS Digital Integrated Circuits Analysis and Design — A Circuits and Systems Perspective(3rd edition). Pearson Addison Wesley, 2005.

[6]　Neil H. E. Weste, David Harris. CMOS VLSI Design(3rd edition). McGraw-Hill Co., 2002.

[7]　Donald A. Neamen. Electronic Circuit Analysis and Design(2nd edition). McGraw-Hill, 2001.

[8]　王志功，朱恩，陈莹梅. 集成电路设计. 北京：电子工业出版社，2006.

[9]　庄镇泉，胡庆生. 电子设计自动化. 北京：科学出版社，2000.

[10]　朱恩，胡庆生. 专用集成电路设计. 南京：东南大学内部讲义，2009.

[11]　Erik Brunvand. Digital VLSI Chip Design with Cadence and Synopsys CAD tools, The Pearson Education Inc., 2009.

[12]　http://www.xilinx.com, Xilinx, Inc. home page.

[13]　http://www.cadence.com, Cadence Design Systems, Inc. home page.

[14]　http://www.intel.com, Intel Corporation home page.

[15]　http://www.synopsys.com, Synopsys Inc. home page.

[16]　http://www.tsmc.com, Taiwan Semiconductor Manufacturing Company home page.

[17]　http:// www.mosis.org.